O-RAN: 开放式无线接入网络技术

欧阳晔 编著

清華大学出版社
北 京

内 容 简 介

O-RAN 技术是无线通信领域的重要技术。本书作为该领域的入门书，在内容上尽可能涵盖 O-RAN 技术的各方面知识。全书共 9 章，其中第 1、2 章讲述全球 O-RAN 产业的发展与现状，包括 O-RAN 技术和组织的发展历史，全球运营商、传统设备厂商等的相关介绍；第 3~8 章分别详细讲述 O-RAN 架构及其各个模块，包括 O-RAN 的系统整体架构，O-RAN 无线智能控制器的架构和接口功能，CU 集中单元、DU 分布单元和 RU 射频单元的协议架构，O-RAN 云平台的架构和接口功能，以及 O-RAN 的管理和编排功能；第 9 章讲述 O-RAN 的未来演进和展望。

本书可作为高等院校通信、自动化及相关专业的本科生或研究生教材，也可供对无线通信感兴趣的研究人员和工程技术人员阅读参考。

图书在版编目(CIP)数据

O-RAN：开放式无线接入网络技术 / 欧阳晔编著 . —北京：清华大学出版社，2023.1
ISBN 978-7-302-62346-5

Ⅰ．① O…　Ⅱ．①欧…　Ⅲ．①无线接入技术－接入网　Ⅳ．① TN915.6

中国版本图书馆 CIP 数据核字 (2022) 第 257020 号

责任编辑：王中英
封面设计：陈克万
版式设计：方加青
责任校对：胡伟民
责任印制：丛怀宇

出版发行：清华大学出版社
　　　　　网　　　址：http://www.tup.com.cn，http://www.wqbook.com
　　　　　地　　　址：北京清华大学学研大厦 A 座　　　　　邮　　编：100084
　　　　　社 总 机：010-83470000　　　　　　　　　　　邮　　购：010-62786544
　　　　　投稿与读者服务：010-62776969，c-service@tup.tsinghua.edu.cn
　　　　　质 量 反 馈：010-62772015，zhiliang@tup.tsinghua.edu.cn
印 装 者：北京同文印刷有限责任公司
经　　销：全国新华书店
开　　本：170mm×240mm　　　印　　张：14.5　　　字　　数：285 千字
版　　次：2023 年 1 月第 1 版　　　印　　次：2023 年 1 月第 1 次印刷
定　　价：69.00 元

产品编号：100190-01

推荐序一

O-RAN 即开放式无线接入网络技术,是一种解耦、开放、白盒的无线通信技术体系,相对于传统的 3GPP 无线网络技术,可以将 O-RAN 类比于无线通信领域的 Android 技术。O-RAN 基于开放、标准、解耦且经济的设计理念,通过移动无线网络接口协议开放、设备硬件虚拟化、软件开源与网络运维运营智能化、自动化,帮助全球运营商构建新兴的无线网络基础设施,实现无线网络的灵活组网、标准开放、高效管理,并降低建设成本,助力通信行业数字化转型与业务创新。

O-RAN 是无线通信领域的颠覆性新兴技术,但业界目前尚无一本 O-RAN 领域的图书系统阐述 O-RAN 的技术原理。欣闻欧阳晔博士所著《O-RAN:开放式无线接入网络技术》即将出版,各位读者可将此书作为 O-RAN 技术的指南,对 O-RAN 的技术体系形成系统性了解。该书作为通信行业第一部详细介绍 O-RAN 的技术图书,由亚信科技的专家团队组织编写,作者均在移动无线网络领域拥有丰富的技术知识与实践经验。

本书结合国内外 O-RAN 技术研究与产品设计开发实践经验,从 O-RAN 的起源、标准组织定义、生态联盟发展、行业应用到技术原理与应用等多方面,深入浅出地为读者介绍并展现 O-RAN 技术的全貌。该书语言通俗易懂,体系结构完整,内容丰富翔实,图文并茂,突出实用性,可用于培训移动通信行业从业人员与相关专业人员。相信这本书可以帮助所有想要更深入、更全面了解 O-RAN 的读者,同时一些在实际工作中应用 O-RAN 的读者也可以从中了解当前 O-RAN 的行业应用现状,从而更好地开展实际工作。

本书是全球第一本 O-RAN 技术图书,会随着 O-RAN 技术的发展与演进不断完善修订,从而帮助广大读者持续了解并掌握 O-RAN 技术及其应用发展趋势。同时也欢迎并希望您对本书提出宝贵建议，共同推进 O-RAN 技术的发展与演进，让无线连接世界，改变未来。

张亚勤

中国工程院院士（外籍）

清华大学讲席教授

清华大学智能产业研究院（AIR）院长

推荐序二

　　欣闻欧阳晔博士所著《O-RAN：开放式无线接入网络技术》一书即将面世，对通信行业意义深远。这是一本业界首次详细介绍 O-RAN（开放式无线接入网络技术）的技术图书。该书不仅可以帮助移动通信行业的从业者与研究者掌握 O-RAN 技术原理与功能架构，更重要的是将 O-RAN 技术、行业现状与实际应用全面结合起来，帮助广大读者更准确、更深刻地理解 O-RAN。

　　5G 时代，企业数字化转型对通信运营商网络提出了开放、标准、解耦且低成本等要求，其中移动通信无线网络又有接入客户多、建设规模大、技术门槛和运维成本高的特点，亟需引入新技术、新方案实现无线网络的持续演进。

　　5G 网络速度快、带宽大、频段高的特点，决定了 5G 基站数量相较与前几代蜂窝无线网络会大幅增加。大规模建网势必带来极大的投资，这时就需要引入新技术、新方案，降低建设难度，减少投资成本。同时，面向垂直行业，拓展运营商的敏捷服务能力将是 5G 网络的首要任务。垂直行业的新业务意味着更多样的业务类型、更复杂的网络管理，需要更高效的资源管理方案以及更灵活的网络架构以便于开展业务创新。而百年难遇的技术变革，"ICDT 深度融合"的契机正在萌芽并且快速深化。O-RAN 技术就是在这个大背景下应运而生的。

　　无线接入网的发展趋势是网络能力更加开放、接口定义更加标准化、业务场景更加丰富，同时增加对于人工智能技术的支持应用。顺应趋势 O-RAN 的产业目标为实现 RAN 网元接口开放化、硬件白盒化以及软件开源化，同时通过 AI/ML 技术的引入实现从网元到网管的闭环自动化智能化。通过上述技术创新与演进得以引入更多的第三方软硬件开发商，实现整个 RAN 系统 TCO 的大幅下降，以及快速灵活的网络部署与重构。由此 O-RAN 能够构建开源、开放的 5G 网络，赋能运营商 ICT 技术融合与 APP 业务应用的快速开发和落地，助力百行千业数字化转型。

有鉴于此，亚信科技的专家们组织启动了《O-RAN：开放式无线接入网络技术》一书的编写工作。这本书以满足移动通信网络从业与相关专业人员了解并掌握 O-RAN 技术为目标，以培养技术能力为主线组织编写，在编写内容上以"通俗易懂"为尺，以"实践实用"为准，理论紧密联系实际，深入浅出，按照认知规律兼顾项目实用的原则安排知识结构体系。本书特点如下：

（1）技术原理详尽且实用性强。本书作者编写力求贯彻理论联系实际的原则，在详细介绍 O-RAN 技术原理的基础上，并结合主流全球运营商的 O-RAN 部署现状及主要供应商的产品方案，反映出全球 O-RAN 最新成果和发展趋势。

（2）编写体系创新且易懂。本书详细讲述了 O-RAN 架构以及架构中各个模块的技术功能，介绍 O-RAN 技术原理与应用现状，还对一些 O-RAN 常见的互联网问题与观点进行解释与说明，辅以 O-RAN 全球生态联盟的介绍，使读者全面了解 O-RAN。

（3）编写作者经验丰富。本书作者均在通信领域拥有丰富的技术理论与实践经验，作者基于实际 O-RAN 产品设计开发与方案交付的经验，从产品与市场维度向读者进行了全面的 O-RAN 介绍。

本书图文并茂、深入浅出、简繁得当，可作为 O-RAN 专业教材使用，也可为通信领域项目工程人员参考使用。希望本书能够帮助通信领域的从业者、研究者等快速全面地了解并掌握 O-RAN，共同推进移动通信技术的发展演进，赋能行业数字化转型。

易芝玲　博士
O-RAN 联盟 技术指导委员会联席主席
中国移动通信研究院首席科学家

前 言

随着 5G 技术的发展，各行各业掀起了通过 5G 技术创新进行数字化转型的浪潮。面对垂直行业的各种应用场景，在 5G 时代不仅需要更高的传输速率，也需要更短的时延和更好的用户体验。同时 5G 采用的高频段射频信号的衰减严重、穿透性差等物理特性，决定了 5G 时代的无线网络节点数量相对于前几代无线网络来说会有很大的增幅。此外，5G 基站构建成本高、传统硬件设备昂贵。对运营商来说就带来了 5G 在建网成本上的负担，以及网络维护的成本上升。

从 ICT 产业的发展历史来看，IT 业在 20 世纪 80 年代就开启了软件、硬件、外设间的开放，从而形成了一个蓬勃发展的健康开放的大生态。相比之下，尽管电信业（CT 业）也经历了快速发展的阶段，但是网络封闭性始终没有突破，生态环境也较为封闭。电信业也开始认识到开放性的生态才是一个行业强大的推动力，也是电信业重振和发展的必由之路。为此，全球电信业从 10 年前就开始了开放性探索，引入了 SDN、NFV 和云计算等，出现了不少开放联盟组织，诸如 TIP、IETF、MSA、ONF、3GPP、OIF、OCP、OPEN ROADM 等，它们均在不同领域和不同程度上参与开放网络的工作，从实践中也出现了云化的开放 5G 核心网和开放的光传输网等案例，开启了从封闭逐步走向半开放乃至全开放的旅程。

O-RAN 联盟就是在这个大背景下成立的，通过软硬件解耦的架构、开放的接口以及智能化等方式，在 5G 生态中引入了更多的通信厂商供应以及更多的智能化技术，来打破设备厂商的垄断，以降低设备成本并提升网络部署和管理的灵活性，以提高开放性、虚拟化和智能程度，从而提升多供应商网络设备之间的互操作性。依托通用的计算平台，而非定制的硬件平台实现 RAN 功能，并用云原生机理来管理 RAN 的虚拟化应用。因此，O-RAN 更符合通信行业生态长期良性发展的方向，为 5G 网络系统建设提供成本较低选项，有助于加速电信行业巅峰时代的来临。

O-RAN 技术是无线通信领域的重要技术。本书作为该领域的入门书，在内容上尽可能涵盖 O-RAN 技术的各方面知识。全书共 9 章，大致分为 3 部分：第 1 部分（第 1、2 章）从 O-RAN 技术和组织的发展历史，阐述 O-RAN 联盟的发展历史和进展，并通过全球运营商、传统设备厂商、新兴设备供应商以及测试仪表厂商的介绍全面讲述全球 O-RAN 产业的现状。第 2 部分（第 3 章 ~8 章）详细讲述 O-RAN 架构以及架构中各个模块的技术能力，其中，第 3 章主要讲述 O-RAN 的系统架构，以及它与 3GPP 4G、5G RAN 架构和模块功能的差异；第 4 章和第 5 章重点描述 O-RAN 技术中的无线智能控制器，包括非实时无线智能控制器和近实时无线智能控制器，详细阐述 O-RAN 是如何引入智能化控制的，以及智能化的引入带来的功能和好处；第 6 章介绍 CU 集中单元、DU 分布单元和 RU 射频单元的协议架构；第 7 章介绍 O-RAN 云平台的架构和接口功能；第 8 章介绍 O-RAN 的管理和编排能力，包括管理维护、资源编排、接口功能等几个方面。第 3 部分（第 9 章）给出 O-RAN 的未来演进和展望。

本书可作为高等院校通信、自动化及相关专业的本科生或研究生教材，也可供对无线通信感兴趣的研究人员和工程技术人员阅读参考。

本书由欧阳晔及其带领的团队编写，成员包括孙杰、李占武、石英伟、边森、吕鹏、王志刚。

目 录

第 1 章 O-RAN 发展历程 ·· 1

1.1 O-RAN 技术发展历程 ·· 1

　　1.1.1 移动通信 RAN 技术发展 ································ 1

　　1.1.2 C-RAN、Virtual RAN（vRAN）与 O-RAN ··············· 5

1.2 O-RAN 组织发展历史 ·· 11

　　1.2.1 电信基础设施项目 ····································· 12

　　1.2.2 O-RAN 联盟 ·· 13

　　1.2.3 其他组织 ··· 15

第 2 章 O-RAN 产业现状 ·· 18

2.1 O-RAN 产业发展历程与生态概览 ······························· 18

2.2 全球主流电信运营商 O-RAN 研发 & 部署情况 ·················· 20

　　2.2.1 Telefonica 的 O-RAN 研发 & 部署情况 ················ 22

　　2.2.2 德国电信的 O-RAN 研发 & 部署情况 ·················· 23

　　2.2.3 沃达丰的 O-RAN 研发 & 部署情况 ···················· 23

　　2.2.4 乐天移动的 O-RAN 研发 & 部署情况 ·················· 24

　　2.2.5 Dish 的 O-RAN 研发 & 部署情况 ····················· 25

　　2.2.6 中国移动的 O-RAN 研发 & 部署情况 ·················· 25

2.3 传统电信设备供应商对 O-RAN 的支持情况 ·················· 26

    2.3.1 爱立信对 O-RAN 的支持情况 ························· 26

    2.3.2 诺基亚对 O-RAN 的支持情况 ······················· 27

    2.3.3 三星对 O-RAN 的支持情况 ························· 27

    2.3.4 华为 / 中兴对 O-RAN 的支持情况 ···················· 28

2.4 新兴电信设备供应商对 O-RAN 的支持情况 ················· 28

    2.4.1 Altiostar 对 O-RAN 的支持情况 ····················· 28

    2.4.2 Parallel Wireless 对 O-RAN 的支持情况 ··············· 30

    2.4.3 Mavenir 对 O-RAN 的支持情况 ····················· 32

    2.4.4 思科对 O-RAN 的支持情况 ························· 33

    2.4.5 英特尔对 O-RAN 的支持情况 ······················ 33

    2.4.6 亚信科技对 O-RAN 的支持情况 ···················· 34

    2.4.7 世炬网络对 O-RAN 的支持情况 ···················· 37

2.5 测试仪表厂商对 O-RAN 的支持情况 ····················· 37

    2.5.1 是德科技对 O-RAN 的支持情况 ···················· 37

    2.5.2 VIAVI 对 O-RAN 的支持情况 ······················ 39

第 3 章　O-RAN 架构 ······························· 41

3.1 O-RAN 架构总体介绍 ····························· 41

    3.1.1 O-RAN 总体架构 ······························ 42

    3.1.2 O-RAN 云平台 ······························· 45

    3.1.3 O-RAN 网络功能层 ···························· 45

    3.1.4 O-RAN 服务管理和编排 ························· 47

    3.1.5 O-RAN 智能化控制 ···························· 48

3.2 O-RAN 与其他网元互连 ··························· 53

    3.2.1 O-RAN 与 3GPP LTE 网元互连 ···················· 53

3.2.2　O-RAN 与 3GPP 5G 网元互连 ·· 53

3.2.3　O-RAN 与 Non-3GPP 网元互连 ·· 54

3.3　O-RAN 安全 ·· 55

3.3.1　O-RAN 安全措施 ··· 55

3.3.2　O-RAN 威胁分析 ··· 56

3.3.3　O-RAN 安全协议 ··· 57

3.3.4　零信任体系结构 ··· 57

3.3.5　安全增强计划 ··· 57

3.4　O-RAN 架构与 3GPP 5G RAN 架构比较 ·································· 58

3.4.1　核心目标比较 ··· 58

3.4.2　架构比较 ··· 59

第 4 章　非实时无线智能控制器 ··· 65

4.1　非实时无线智能控制器架构 ··· 65

4.1.1　Non-RT RIC 架构需求 ·· 65

4.1.2　Non-RT RIC 框架的服务化功能和接口 ··· 70

4.1.3　rApp 能力 ·· 72

4.2　Non-RT RIC 基础功能 ··· 72

4.2.1　数据管理与开放 ··· 73

4.2.2　策略管理 ··· 74

4.2.3　rApp 管理 ·· 74

4.2.4　AI/ML 支持 ·· 75

4.2.5　终端服务 ··· 75

4.3　rApp 基础功能 ··· 76

4.3.1　rApp 集成服务 ·· 76

4.3.2　AI/ML 支持 ·· 76

4.4　A1 接口 ··· 77

　　4.4.1　A1-P 服务信息 ··· 79

　　4.4.2　A1-EI 服务信息 ·· 81

　　4.4.3　A1-ML 服务信息 ··· 82

4.5　R1 接口 ··· 82

第 5 章　近实时无线智能控制器 ································· 86

5.1　近实时无线智能控制器架构 ································· 86

　　5.1.1　Near-RT RIC 架构需求 ································· 86

　　5.1.2　Near-RT RIC 功能 ······································· 87

　　5.1.3　xApp 能力 ·· 89

5.2　Near-RT RIC 基础功能 ·· 90

　　5.2.1　数据库与 SDL 服务 ····································· 90

　　5.2.2　xApp 订阅管理 ··· 91

　　5.2.3　冲突调解 ··· 91

　　5.2.4　消息总线 ··· 93

　　5.2.5　安全性 ·· 93

　　5.2.6　管理服务 ··· 94

　　5.2.7　接口服务 ··· 95

　　5.2.8　API 管理服务 ··· 96

　　5.2.9　AI/ML 支持 ·· 97

　　5.2.10　xApp 仓储功能 ·· 97

5.3　xApp 简介 ·· 98

　　5.3.1　xApp 组成 ·· 98

　　5.3.2　经典用例 ··· 98

5.4 E2 接口 ··· 99

　5.4.1 E2 订阅功能 ·· 100

　5.4.2 E2 订阅删除功能 ··· 102

　5.4.3 E2 指示功能 ·· 105

　5.4.4 E2 控制功能 ·· 106

　5.4.5 E2 指南请求 / 响应功能 ······································· 107

　5.4.6 E2 指南修改功能 ··· 109

5.5 基于 QoS 的资源优化 ··· 111

　5.5.1 参与的功能实体 ·· 112

　5.5.2 主要功能流程 ·· 113

第 6 章 集中单元、分布单元和射频单元 ··························· 115

6.1 集中单元 ··· 116

　6.1.1 集中单元用户面 ·· 116

　6.1.2 集中单元控制面 ·· 118

6.2 分布单元 ··· 124

　6.2.1 无线链路控制 ·· 125

　6.2.2 媒体接入控制 ·· 126

　6.2.3 物理层 ·· 134

6.3 射频单元 ··· 135

　6.3.1 室内型皮站 O-RU$_{7\text{-}2}$ 硬件架构 ···························· 136

　6.3.2 室内型皮站 O-RU$_6$ 硬件架构 ······························ 137

　6.3.3 室内型皮站 O-RU$_8$ 硬件架构 ······························ 139

　6.3.4 室内型皮站 DU 与 RU 一体化硬件架构 ····················· 140

　6.3.5 室内型皮站 O-RU$_x$ 通用要求 ····························· 141

6.3.6　室内型皮站 O-RU$_x$ 切分选项具体要求 ··· 143

6.3.7　室外型微站 O-RU$_{7-2}$ 硬件架构 ·· 144

6.3.8　室外型微站 O-RU$_x$ 通用要求 ·· 145

6.3.9　室内型皮站前传接口网关 FHGW$_{7-2}$（Option$_{7-2}$ 之间互联） ············· 147

6.3.10　室内型皮站前传接口网关 FHGW（Option$_{7-2}$ 与 Option$_8$ 之间互联） ······· 149

6.3.11　室内型皮站前传接口网关 FHGW（Option$_8$ 之间互联） ····················· 150

6.3.12　室内型皮站 FHGW$_x$ 通用技术要求 ·· 152

第 7 章　O-RAN 云化 ··· **154**

7.1　云平台 ··· 154

7.1.1　云计算架构 ·· 154

7.1.2　O-Cloud 架构 ··· 156

7.1.3　O-Cloud 关键概念 ·· 160

7.1.4　O-Cloud 基础用例 ·· 161

7.1.5　O-Cloud 部署场景 ·· 163

7.2　O2 接口 ··· 171

7.2.1　O2 接口功能 ·· 171

7.2.2　O2 接口服务 ·· 173

7.3　O-Cloud Notification 接口及功能 ··· 174

第 8 章　O-RAN 的管理与编排 ·· **179**

8.1　SMO 的功能定位 ·· 179

8.2　SMO OAM 架构 ··· 180

8.2.1　OAM 架构总体设计原则 ··· 180

8.2.2　架构需求 ·· 181

8.2.3　参考体系架构 ·· 182

8.3 SMO 网络实例化示例 ·· 192

　　8.3.1 O-RAN 网络服务的构成 ································· 192

　　8.3.2 网络实例化目标 ··· 193

　　8.3.3 SMO 功能需求 ··· 193

　　8.3.4 用例流程 ··· 194

8.4 SMO 与传统 OSS 的接口 ······································ 197

8.5 O1 接口 ··· 199

　　8.5.1 配置管理 ··· 200

　　8.5.2 性能管理 ··· 201

　　8.5.3 故障管理 ··· 201

　　8.5.4 跟踪管理 ··· 201

　　8.5.5 文件管理 ··· 202

　　8.5.6 心跳管理 ··· 203

　　8.5.7 PNF 启动和注册管理 ···································· 203

　　8.5.8 PNF 软件管理 ··· 203

8.6 SMO 与自智网络 ·· 204

　　8.6.1 网络管理系统自智等级分级总体方法 ············· 204

　　8.6.2 O-RAN SMO（服务管理编排）与自智网络相关管理编排·········· 205

第 9 章　O-RAN 演进与展望 ·· 206

9.1 O-RAN 面临的挑战和不足 ····································· 206

9.2 O-RAN 展望 ··· 208

词汇表·· 211

第1章 O-RAN 发展历程

随着移动通信技术从 2G 发展到 5G，移动无线接入网络（Radio Access Network，RAN）也从复杂、封闭的技术架构，向简单、灵活与开放的技术架构演进。本章从移动通信 RAN 技术发展与 O-RAN 组织发展历程两个维度，详细阐述 O-RAN 技术的产生、发展及商用的背景与发展历程，并对目前全球主流 O-RAN 组织从背景、定位、项目、标准等多个维度进行详细介绍。

1.1 O-RAN 技术发展历程

本节主要阐述 2G、3G、4G 及 5G 移动通信 RAN 技术的发展，并分析介绍 C-RAN、vRAN 与 O-RAN 技术的产生背景及对比。

1.1.1 移动通信RAN技术发展

移动通信技术的商用发展已历经了 37 年的岁月。1983 年 10 月，贝尔实验室与摩托罗拉推出第一代模拟语音通信技术 AMPS（Advanced Mobile Phone System），并实现大规模商用，这是发展原点；1991 年，第二代移动通信技术 GSM（Global System for Mobile Communications）实现全数字化语音；2001 年，第三代 UMTS（Universal Mobile Telecommunications System）通信技术实现对语音与移动数据业务的支持；2008 年起，第四代移动通信技术 LTE（Long Term Evolution）支持全 IP（All Internet Protocol）化的高清语音与高速移动数据业务，已在全球大规模商用；2018 年起，第五代移动通信 5G（the 5th

Generation）技术全世界开始逐渐商用。在这 30 余年的移动通信的 5 个代际发展历程中，移动无线接入网络（Radio Access Network，RAN）也从复杂、封闭的技术架构，向简单、灵活与开放的技术架构演进。

2G 时代，RAN 主要包括基站子系统 BSS（Base Station Subsystem），由基站收发信台 BTS（Base Transceiver Station）和基站控制器 BSC（Base Station Controller）2 级架构构成（如图 1-1 所示）。BTS 通过 Um 空中接口接收 MS 发送的无线信号，然后将其传送给 BSC，BSC 负责无线资源的管理及配置（诸如功率控制、信道分配等），然后通过 A 接口与 Gb 接口传送至核心网部分，2G 时代的 BTS 基站主要采用一体式基站架构，基站的天线位于铁塔上，其余部分位于基站旁边的机房内。天线通过馈线与室内机房连接。一体式基站架构需要在每一个铁塔下面建一个机房，建设成本高且周期较长，也不方便网络架构的拓展。

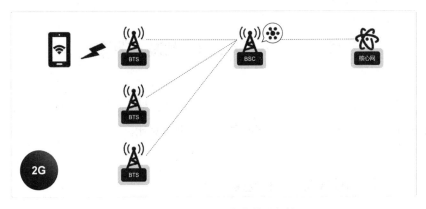

图 1-1　2G RAN 一体式基站架构

2G 时代后期，为解决建设成本高与周期长的问题，一体式基站架构发展为分布式基站架构（如图 1-2 所示）。分布式基站架构将 BTS（Base Transceiver Station）分为 RRU（Regenerative Repeater Unit）和 BBU（Bandwidth Based Unit），其中 RRU 是主要负责射频相关的模块，包括 4 大模块：中频模块、收发信机模块、功放模块和滤波模块。BBU 主要负责基带处理和协议栈处理等。RRU 位于铁塔上，而 BBU 位于室内机房，每个 BBU 可以连接多个（3 个或 4 个）RRU，BBU 和 RRU 之间用光纤连接。

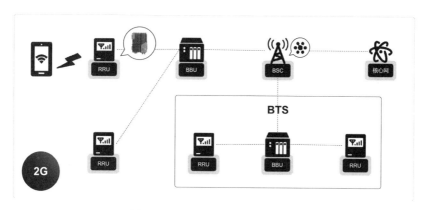

图 1-2　2G RAN 分布式基站架构

3G 时代，提出了分布式基站架构，也就是将 BBU 和 RRU 分离，RRU 甚至可以挂在天线下边，不必与 BBU 放在同一个机柜里，这就是 D-RAN （Distributed-Radio Access Network，分布式无线接入网）。如图 1-3 所示，3G RAN 不再包含 BTS 和 BSC，取而代之的是基站 NodeB 与无线网络控制器 RNC（Radio Network Controller）2 级架构，功能方面与 BTS 和 BSC 保持一致，核心网分为 CS（Circuit Switch）域与 PS（Packet Switch）域。

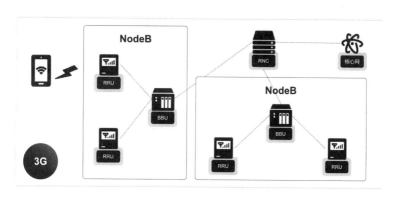

图 1-3　3G RAN 分布式基站架构

4G 时代，RAN 技术架构发生了较大的变化。为了降低端到端时延，4G 采用了扁平化的网络架构。将原来的 2 级架构"扁平化"演进为 1 级 eNodeB （Evolved NodeB）。3G RNC 的功能一部分分割在 eNodeB 中，一部分移至核心网中，4G 核心网只包含 PS 域，4G 基站基本采用分布式基站的架构，如图 1-4 所示。

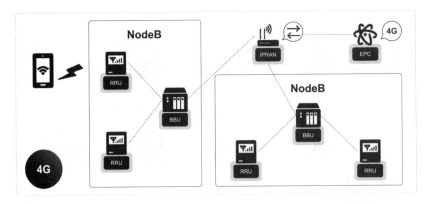

图 1-4　4G RAN 分布式基站架构

　　5G 时代，为了进一步提高 5G 移动通信系统的灵活性，对 BBU 进行了拆分，引入了分布单元（Distributed Unit，DU）和集中单元（Centralized Unit，CU）的概念，使得 RAN 组网方式能够更加灵活（如图 1-5 所示）。DU 和 CU 共同组成 gNB，每个 CU 可以连接 1 个或多个 DU。CU 和 DU 之间存在多种功能分割方案，可以适配不同的通信场景和不同的通信需求。

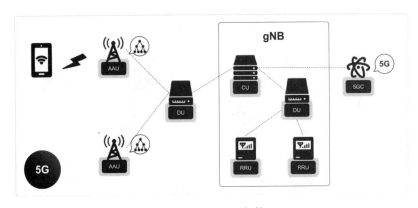

图 1-5　5G RAN 架构

　　同时，5G 引入了 Massive MIMO 技术提高系统容量和频谱利用率，而MIMO 越高阶，则需要的天线越多，馈线也就越多，RRU 上的馈线接口也就越多，从而使工艺的复杂度越来越高。馈线本身还有一定的衰耗，这也会影响部分系统性能，因此 5G 将 RRU 和原本的无源天线集成为一体，也就形成了最新的 AAU（Active Antenna Unit，有源天线处理单元）。同时，5G 之中依然会有 RRU，某些低频部分对于系统容量要求不高的区域，比如农村、山区等，没有必要使用昂贵的 AAU。所以，在 5G 的整个网络结构之中，依然会有"BBU+RRU+ 传统天线"的组合。

　　5G 网络具有速度快、带宽大、频段高的特点，因此 5G 网络的穿透性会远差于 4G 网络。如原来 4G 网络覆盖某一区域仅需要 1 个基站，而 5G 网络覆盖则可能需要 3~5 个基站，因此 5G 网络就需要建设成百万甚至上千万的 5G 基站。同时，5G 无线网络又是运营商必须投资的领域，大规模建网势必带来极大的耗资，这时就需要引入新技术、新方案，通过方案革新降低建设难度，减少无线网络投资。在"无线互联网"流量收入增长放缓、语音通话收入下降的背景下，垂直行业是运营商必须进入的"蓝海市场"，拓展运营商的盈利能力将是 5G 网络的首要任务。垂直行业的新业务意味着更多样的业务类型、更复杂的网络管理，需要更高效的资源管理方案以及更灵活的网络架构，以便于开展业务创新。在此背景下，C-RAN、Virtual RAN（vRAN）与 O-RAN 应运而生。

1.1.2　C-RAN、Virtual RAN（vRAN）与O-RAN

　　整个通信行业正在经历的变化，与 21 世纪初数据中心的变化相似，两者都是由摩尔定律驱动的，如图 1-6 所示。

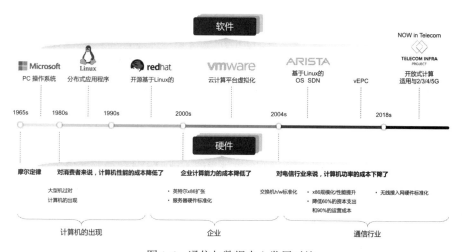

图 1-6　通信与数据中心发展对比

硬件虚拟化、SDN 等技术的出现与发展，使数据中心从昂贵的专有解决方案转向基于 COTS（Commercial Off-The-Shelf，商用货架产品）和开放的基于软件的解决方案，并创建更广泛的供应商供应链。

这个理念同样适用于 RAN 领域。通信运营商建立无线网络所需的大部分资本支出与 RAN 有关，约占用网络总成本的 80%。RAN 成本的降低将有助于通信运营商的 CAPEX（Capital Expenditure，资本支出）减少，从而帮助通信运营商应对收入下降的挑战。目前各通信无线设备厂商提供的 RAN 接口，主要基于 3GPP 标准实现了开放化与标准化。但在实际传统的 RAN 部署中，RAN 基站的软件和接口一般是厂商专有的、封闭的，并且常常与同一供应商的底层硬件绑定在一起。比如通信运营商不能把无线网络设备厂商 A 的 BBU 软件安装到厂商 B 的 BBU 硬件设备上，也不能把厂商 B 的 RRU 连接与厂商 A 的 vBBU 软硬件互连。如果运营商准备进行 BBU、RRU 等基站单元组件的厂商替换，则必须替换整个基站设备，造成无线网络设备厂商的锁定与成本增加。

为了有效降低通信运营商的 CAPEX，防止运营商被网络设备厂商锁定，通信运营商借鉴数据中心虚拟化、软硬解耦的理念，在 RAN 领域提出 O-RAN、C-RAN 与 vRAN 等解决方案，使得运营商可以使用无线设备厂商 A 的 RRU 连接无线设备厂商 B 的 BBU，同时当运营商在替换 BBU 时，运维工程师不需要再爬塔替换 RRU，有效降低运营商的 CAPEX 与 OPEX。

1. C-RAN

移动互联网的快速发展和物联网业务的快速增长，使传统通信网络处于进退两难的尴尬境地：一方面，为了应对爆发式增长的数据流量，需要加大网络基础设施建设，这不仅耗费大量的投资成本，同时也造成包括无线机房、无线设备、传输设备、后备电源、空调等设备重复投资和能源消耗；另一方面，网络扩容、数据流量增长并没有给运营商带来相应的收入回报，实际收入增长缓慢。

大约在 10 年前，IBM、英特尔和中国移动提出的 C-RAN（Cloud RAN 或 Centralized RAN）计划启动了 RAN 功能的虚拟化。C-RAN 架构继续采用 BBU 和 RRU 分离的方案，但是 RRU 无限接近于天线，大大减少了通过馈线

（天线与 RRU 的连接）时的衰减；同时 BBU 迁移并集中于中心机房（Center Office，CO），形成 BBU 基带池，而 CO 与 RRU 通过前传网络连接，这样非常有利于小区间协同工作。C-RAN 是基于集中化处理、协作无线电、实时云计算的绿色无线接入网架构，其基本思想是通过充分利用低成本、高速光传输，直接在远端天线与集中化的中心节点间传递无线信号，以构建覆盖上百个基站服务区域，甚至上百平方公里的无线接入系统。C-RAN 架构采用协同技术，能够减少干扰，降低功率，提升频谱效率，实现动态智能化组网，有利于降低成本，便于设备维护和减少运营支出。目前 C-RAN 的研究内容主要包括 C-RAN 的架构和功能，如 BBU 基带池、RRU（射频拉远模块）接口定义以及基于 C-RAN 的基站族、虚拟小区等。

如图 1-7 所示，C-RAN 是对分布式基站的进一步演进，将 BBU 处理资源集中化、开放化和云计算化为资源池，通过高带宽、低时延的光纤或光传输网连接远端无线射频单元，每个 BBU 能连接 10 ～ 100 个 RRU。通过引入 C-RAN 架构，从而构建实时功能与非实时资源的灵活部署，实现功能模块化、协同弹性化、RAN 切片化的能力。

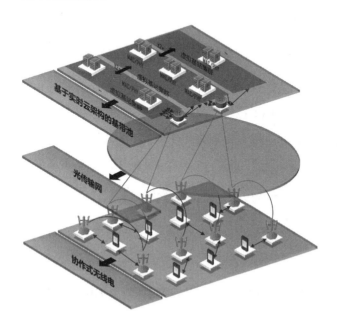

图 1-7　C-RAN 架构

虚拟化、集中化、可编排等方面的突破性创新不仅有利于实现 MEC 下沉部署，而且可支持多样的 5G 业务应用以及灵活、自动化的运维管理需求；另外，通过采用 BBU 集中化模式，不仅可以有效减少基站机房数量，降低能耗，提升站点主设备及配套资源利用效率，而且有利于协作化、虚拟化技术的部署实施，实现资源协作，提高频谱效率，以实现低成本、高带宽和灵活度的运营方式。

基于 C-RAN 的无线接入网络架构在无线性能与成本方面具备如下优势：

（1）无线性能方面。

● BBU 集中化使得 BBU 之间的延时大大降低，确保了小区的边缘吞吐率。

● RRU 到用户的距离大大缩短，从而降低了发射功率（这意味着用户终端电池寿命的延长和无线接入侧功耗的降低）。

● 所有基站共享一个基带池，处理资源得到最优利用。

（2）成本方面。

● 机房数量、站址配套、站址租赁等费用大幅度降低，节省了建设和运营成本。

● 无线侧管理趋于统一，削减了扩容与升级成本。

同时 C-RAN 提出了一个新的前传接口，推动了如公共无线电接口（Common Public Radio Interface，CPRI）和下一代前端接口（Next Generation Fronthaul Interface，NGFI）的行业标准发展，使无线侧和基带之间采用这些新接口成为可能。C-RAN 并不是完全开放的，但 C-RAN 的提出推动了 RAN 领域的解耦；由于 C-RAN 将所有数字处理集中在中心机房（CO），这些用例仅限于高密度的城市，仍然没有解决供应商锁定的问题。

2. vRAN

5G 网络支持更多面向用户的业务和各种不同应用的快速部署，以及支持高标准的 5G 性能指标，因此需要一个以平台为特性的移动网络。在这个平台基础上，进行简单开发和适配以便支持各种纷繁复杂的应用，而实现平台化的网络，关键就是网络虚拟化技术。网络虚拟化是未来 5G 网络的关键技术，其核心是根据不同的场景和业务需求将 5G 网络物理基础设施资源虚拟化，实施时需要基于 SDN（Software Defined Network）技术，支持网络功能的可编程、定制剪裁和相应网络资源的编排管理。

　　虚拟 RAN，简称 vRAN。通过使用 vRAN，可以实现专用 BBU 硬件被 COTS 服务器取代，使用基于软件虚拟化技术的 BBU 可在任何 COTS 服务器上运行，实现了 BBU 软件和硬件的解耦，但是无线电和基于 COTS 的 BBU 之间的专有接口仍然保持原样。因此，如图 1-8 所示，尽管 RAN 功能是在 COTS 服务器上虚拟化的，但是 BBU 和 RRU/RRH 之间的接口并不是一个开放的接口，造成任何其他厂商的 BBU 软件都不能与 RRU/RRH 一起工作，除非这些接口变成开放的。与传统的 2G/3G/4G RAN 的方法进行类比，vRAN 由无线网络厂商 A 无线侧（RRU/RRH）和厂商 A 运行在 COTS BBU 上的软件组成。除非与厂商 A 无线侧的接口是基于标准开放的，否则通信运营商不能将无线网络厂商 B 的软件安装在同一个 COTS BBU 上。因此，vRAN 仍然存在供应商锁定的问题。

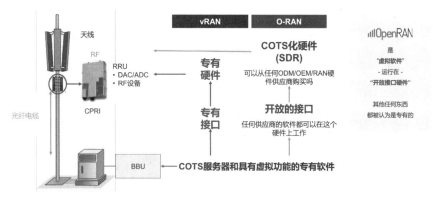

图 1-8　vRAN 与 O-RAN 架构对比

3. O-RAN

　　C-RAN 与 vRAN 均未实现 BBU 和 RRU/RRH 之间的接口开放与标准化，O-RAN 提出了 BBU 和 RRU/RRH 接口开放标准的方案架构，基于 O-RAN 方案架构，任何无线网络厂商的软件都可以与任何开放的 RRU/RRH 一起工作。更多的开放接口使一个供应商的RRU/RRH能够与另一个供应商的BBU一起使用。

O-RAN统一定义和构建了2G、3G、4G与5G RAN开放解耦的解决方案，该解决方案基于通用、厂商中立的硬件和软件定义技术，所有组件之间都有开放的标准接口，实现了硬件和软件的解耦，使得RRU/RRH硬件成为COTS硬件。

O-RAN使RAN在各个方面和组件都是开放的，通过接口和操作软件将RAN控制平面与用户平面分离，O-RAN构建了一个可以运行在COTS硬件上的模块化基站软件堆栈，同时具有开放的北向和南向接口。如图1-9所示，这种基于软件架构的O-RAN网络体系结构支持"白盒"化RAN硬件，这意味着RAN的基带单元、无线电单元和远程无线单元可以由任何无线网络设备供应商组装，并由O-RAN软件管理，形成真正可互操作的开放的RAN。这样，当移动运营商决定进行RAN升级与替换时，可以保留底层的硬件，仅替换RAN组件的软件即可。

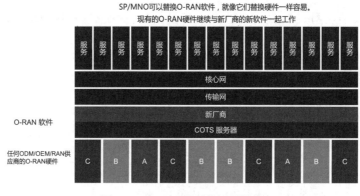

图1-9　O-RAN软硬件解耦架构

因此，移动运营商可以虚拟化和解耦它们的RAN，但还有一个重要的因素是RAN组件之间的接口是开放的，否则RAN并未真正地开放。

同时O-RAN可以助力通信行业提升5G时代面向垂直行业服务的能力，产业链可以在5G前期推进O-RAN，引入智能技术，改善无线接入网，推进接口标准化。垂直行业企业客户也都期望用新技术更快地提升用户体验，当新的商业模式需要企业尽快上马时，如果不需要设计新的承载平台，只需要部署新的模块，便可以极大地提升企业和行业的运营、服务效率。

1.2　O-RAN 组织发展历史

当人们谈论 O-RAN 时，可能听到的是 Open 和 RAN，但当写它时，可能会以各种方式看到它。你也可能经常在社交媒体上看到不同的标签，比如 #oran 和 #OpenRAN。在理解使用哪些术语和何时使用时，这可能会非常令人困惑。本节主要介绍 O-RAN 各相关名词及术语的区别，并介绍目前主流 O-RAN 组织的定位、项目与标准等。

O-RAN 是无线通信领域解耦硬件和软件，并在它们之间创建开放接口的倡议行动。另外，O-RAN 可以代表两种不同的含义。如图 1-10 所示，O-RAN 可以指 Telcom Infra Project 中的 1~2 个项目组（如基于通用软硬件技术与供应商中立构建 2G、3G 和 4G 解决方案的 O-RAN 项目组，或关注 5G NR 的 O-RAN 5G NR 项目组）。另一种常见的情况是，O-RAN 作为一个单词出现在 Twitter、LinkedIn 或 Facebook 等社交媒体网站上，比如 #OpenRAN。

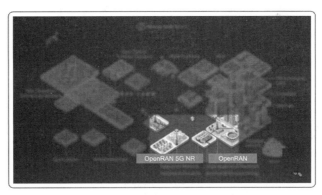

来源 Telecom Infra Project

图 1-10　Telcom Infra Project 中的 O-RAN

如图 1-11 所示，带连字符的 O-RAN 指的是 O-RAN 联盟，该联盟发布新的 RAN 规范，为 RAN 发布开放软件，并支持其成员对其实现集成和测试。O-RAN 用来指 O-RAN 行动。O-RAN 或 ORAN 在社交网络上也被用作话题标签，指 O-RAN 联盟或 Open RAN 行动。说明如下：

● Open RAN = 所有行动。

● OpenRAN = 指TIP项目组或用作标签。

● O-RAN and oRAN =指O-RAN联盟或用作标签。

Open RAN	o RAN	#oRAN
OpenRAN	ORAN	#ORAN
#OpenRAN	O-RAN	#O-RAN

Source:Parallel Wireless

图 1-11　Open RAN 的不同组合与含义

目前有各种各样的 Open RAN 团体和倡导组织专注于 Open RAN，本书重点介绍以下关键的 Open RAN 行业组织。

1.2.1　电信基础设施项目

如图 1-12 所示，领导 Open RAN 行动行业组织有两个，其中一个是电信基础设施项目（Telecom Infra Project，TIP），TIP 由 Facebook 公司于 2016 年成立，是一个以工程为重点、用于建设和部署全球电信网络基础设施的协作组织，目标是让所有人都能在全球接入，TIP 由创始科技和电信公司共同组成的董事会领导。该公司目前由沃达丰网络战略和架构主管 Yago Tenorio 担任董事长。成员公司主办技术孵化器实验室和加速器，TIP 主办一年一度的基础设施会议，即 TIP 峰会。

TIP 项目组		
接入网项目	**传输网项目**	**核心网&服务项目**
CrowdCell	Millimeter Wave(mmWave) Networks	Edge Application Developer
OpenCellular	Non-Terrestrial Connectivity Solutions	End-to-End Network Slicing(E2E-NS)
OpenRAN	Open Box Microwave	
OpenRAN 5G NR	Open Optical Packet Transport	
vRAN Fronthaul		
Solutions Integration		
Wi-Fi		
Startups - TEAC		
TIP Community Labs		
PlugFest		
Graduated Projects		

图 1-12　TIP 项目组

TIP 拥有 500 多个成员组织，包括运营商、供应商、开发人员、集成商、初创企业和其他参与各种 TIP 项目小组的实体，TIP 在新技术开发中采用流程透明和协作的方式。所有的项目都是由成员驱动的，并利用当前的案例研究将电信设备和软件发展成更灵活、敏捷和可互操作的形式。

1.2.2　O-RAN联盟

引领 Open RAN 行动的第二个组织是 O-RAN 联盟，O-RAN 联盟是一个由移动服务供应商和技术供应商组成的全球社区。如图 1-13 所示，该联盟成立于 2018 年 2 月，旨在推动开放、智能的 RAN。它由两个不同的组织，即 C-RAN 联盟和 XRAN 论坛合并而成。C-RAN 联盟由中国移动和其他中国供应商组成。XRAN 论坛由美国、欧洲、日本和韩国的供应商和运营商组成。美国电话电报公司（AT&T）、中国移动（China Mobile）、德国电信（Deutsche Telekom）、NTT Docomo 和 Orange 是最初的创始运营商。此后，越来越多的运营商、供应商、集成商等也加入了进来。

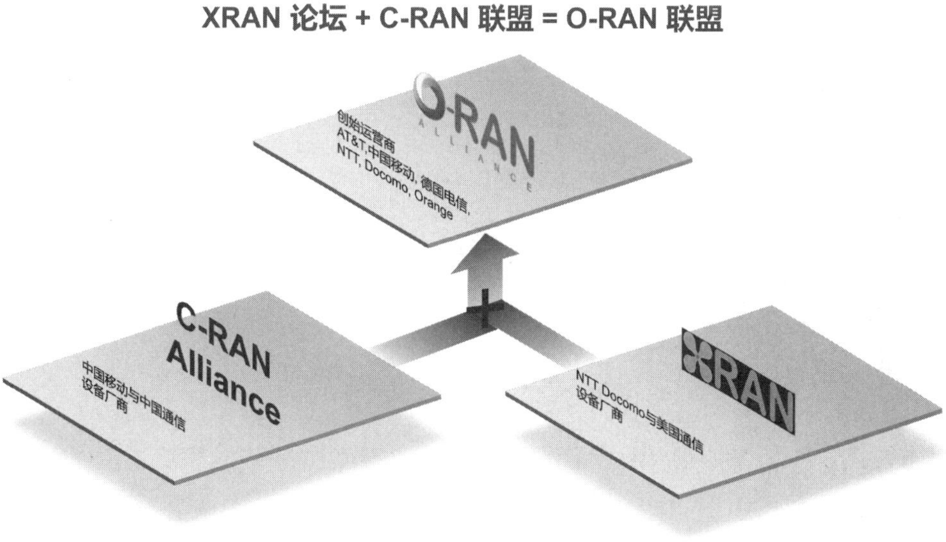

XRAN 论坛 + C-RAN 联盟 = O-RAN 联盟

图 1-13　O-RAN 联盟

随着更好的设备、更新的应用程序、更快的连接和更优惠的数据套餐带来的流量增加，移动网络需要一个完全的范式转变。虽然 3GPP 在定义这些新的灵活标准方面做得很好，并将用户和控制平面分离，保持不同的实现选项开放，但 O-RAN 联盟旨在将业界聚集在一起创建一个更加基于软件的、虚拟化的、灵活的、智能节能的网络，O-RAN 通过定义开放和标准化的接口，并基于 NFV 技术提供虚拟 RAN 侧网元，并通过采集虚拟网元的信息，并结合人工智能（AI）和机器学习（ML）提高网络的智能化程度。

O-RAN 联盟在官网上展示了其愿景与目标，其中两个重要目标如下：

- 首先是开放，这将有助于带来服务敏捷性和云规模经济，使较小的供应商和运营商能够引入它们自己的服务或定制网络，以满足它们自己的独特需求。其次，通过开放的接口支持多供应商部署，使供应商生态系统更具竞争力和活力。最后，开源软件和硬件参考设计实现了更快、更民主和更少许可的创新。

- 第2个目标是将这些日益复杂的工作自动化，简化操作和维护，从而降低运营成本。通过标准化的南向接口，并结合人工智能实现自动化与智能化闭环管理，有望开启网络运营的新时代。

如图 1-14 所示，与 TIP 小组一样，O-RAN 联盟也有自己的工作组。

工作组1	· 专注于研究用例和整体架构。
工作组2	· 专注于使用RAN智能控制器(RIC)的RAN无线电资源管理(RRM)的优化和自动化。
工作组3	
工作组4	· 重点关注实现不同RAN硬件和软件供应商之间互操作性的开放接口。
工作组5	
工作组6	
工作组7	· 专注于RAN硬件和软件的模块化、虚拟化和模块化。
工作组8	
工作组9	· 重点介绍基于新架构和前传、中传和回传终端用户服务需求的新型开放式传输网络，统称为X-haul。

图 1-14　O-RAN 联盟工作组

TIP 与 O-RAN 在行业中所扮演的角色可能令人困惑，下面对这两个 Open

RAN 组织进行分析。

O-RAN 联盟开发、推动和执行标准，以确保来自多个无线厂商的设备彼此互操作。重点关注可创建通用标准，例如前传 Fronthaul 规范。此外，O-RAN 还为具有标准的互操作性测试创建概要文件，例如 X2 接口。

TIP 更侧重于部署和执行，关注设备快速安装和现场部署。TIP 支持 Open RAN 生态系统，确保不同供应商的软件和硬件设备相互协作，负责用例的产品化，并促进试验、现场测试和部署。O-RAN 联盟专注于 5G 和 4G，而 TIP 专注于所有 G-2G、3G、4G 和 5G 的解决方案。或者说，Open RAN 行动的推行和成功归功于 TIP 采取的最初行动，它将服务供应商、软件和硬件供应商、系统集成商和其他利益相关者聚集在一起，以促进不同运营商网络的实际测试和部署。

同时，这两个组织宣布了一项联合协议，以确保它们在开发可互操作的 Open RAN 解决方案方面保持一致。因为 TIP 不知道其用来创建服务的提供者正在寻找的解决方案规范，所以它必须与各种标准机构合作，以确保顺利运行，并通过与 O-RAN 联盟的联合协议允许共享信息、参考规范以及进行联合测试和集成工作。因此，如果查看 TIP Open RAN 5G NR 基站标准与规范文件，将看到对 O-RAN 联盟的规范引用。在 TIP 中，只有同时是 TIP 和 O-RAN 联盟成员的公司才能参与 O-RAN 相关规范的讨论。

1.2.3　其他组织

O-RAN 软件社区是 O-RAN 联盟和 Linux 基金会共同创办，如图 1-15 所示，其使命是支持为 RAN 创建开源软件。O-RAN 软件社区的目标是推进无线接入网的开放，重点是开放接口，然后是利用 O-RAN 规范开发新功能。2019 年 12 月，O-RAN 软件社区发布了首个名为 Amber 的软件代码。它涵盖了 O-RAN 的近实时 RAN 智能控制器（near RT-RIC）的初始功能，O1 接口和协议。

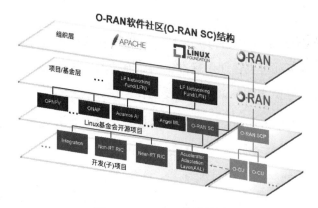

图 1-15　O-RAN 软件社区

Small Cell Forum（SCF）已经创建了自己的 Open RAN 生态系统。如图 1-16 所示，2020 年，SCF 扩展了前一年发布的一套规范，使 Small Cell 能够使用来自不同供应商的组件进行构建，以便轻松实现 5G 用例的多样化混合。这些开放接口称为 FAPI 和 nFAPI，即网络 FAPI。通过开放的 FAPI 接口，可帮助设备供应商混合来自不同供应商的 PHY 和 MAC 软件。因此，FAPI 是"内部"接口。另外，nFAPI，或者更具体地说 5G-nFAPI，是一个"网络"接口，位于分裂 RAN small cell 网络解决方案的分布式单元（DU）和无线单元（RU）之间。如图 1-16 所示，SCF nFAPI 通过允许任何 CU/DU 连接到任何 Small Cell 无线电单元或 S-RU，以自己的方式实现了 Open RAN 生态系统。

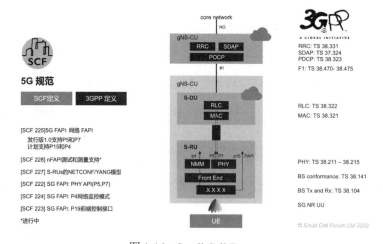

图 1-16　Small Cell Forum

Open RAN Policy Coalition（政策联盟）是一个新的 Open RAN 组织，如图 1-17 所示，于 2020 年宣布成立。Open RAN 政策联盟代表了一群公司组成的组织，旨在促进采用开放和互操作 RAN 解决方案的政策，这是一种创造创新、刺激竞争和扩大先进无线技术（包括 5G）供应链的手段。其主要目标如下：

- 支持开放和互操作无线技术的全球发展。

- 表明政府支持开放和可互操作的解决方案。

- 利用政府采购支持供应商多样性。

- 资助研发。

- 消除5G部署的障碍。

- 和避免高压或规定性的解决方案。

图 1-17　Open RAN 政策联盟

第 2 章

O-RAN 产业现状

本章主要介绍 O-RAN 产业的发展历程与生态，详细介绍 O-RAN 技术从产生到商用的情况及 O-RAN 技术在全球通信行业各主流运营商的应用情况，如乐天移动、德国电信等；同时对全球主流通信设备厂商对 O-RAN 技术的支持情况进行分析，包括各设备厂商对 O-RAN 技术的立场、产品方案等；最后介绍目前全球新型的 O-RAN 产品与解决方案提供商的情况，包括产品方案体系与商用情况。

2.1　O-RAN 产业发展历程与生态概览

2016 年 Telecom Infra Project（TIP）成立发起 O-RAN 行动，今天 O-RAN 已开始在全球进行试点和商用，如图 2-1 所示为 O-RAN 产业的主要发展历程。

图 2-1　O-RAN 产业发展历程

（1）2016 年，Telecom Infra Project（TIP）成立，针对 OpenRAN 实现"通过构建生态系统激励创新，使供应商多样化，降低部署和维护成本"的目标。

（2）2017 年，在印度和拉丁美洲开始第一次 OpenRAN 试验。

（3）2018 年 2 月，C-RAN 与 XRAN 联盟合并成立 O-RAN 联盟，旨在推动开放与智能化 RAN；同时，Telefonica 在 MWC 宣布成立 Internet para Todos 项目，旨在为目前没有互联网接入的 1 亿多拉丁美洲人提供网络连接。

（4）2018 年 6 月，Vodafone 和 Telefonica 宣布了联合 RFI，进行基于软件及运行在 COTS 硬件之上的 ORAN 技术评估。

（5）2018 年 10 月，Vodafone 和 Telefonica 在 2018 年 TIP 峰会上，宣布 Open RAN 运行试点部署，并强调了将 RAN 侧硬件和软件解耦的重要性。

（6）2019 年 2 月，乐天发布全球首个虚拟化、云原生 4G 网络。

（7）2019 年 7 月，Small Cell Forum（SCF）通过定义 PHY API 实现微小区开放运行生态系统。

（8）2019 年 10 月，Telefonica 在 TIP 峰会上，展示了基于 OpenRAN 技术的 para Todos 项目。

（9）2020 年 2 月，TIP 启动为 4G/5G 网络构建与 3GPP 和 O-RAN 规范一致的通用 RAN 设计项目 Evenstar。

（10）2020 年 2 月，O-RAN 联盟和 TIP 宣布合作协议，确保双方在开发和部署可互操作的开放 RAN 解决方案保持一致。

（11）2020 年 5 月，O-RAN 联盟和 GSMA 宣布联合加速采用 Open RAN 技术，以利用新的开放虚拟架构、软件和硬件加速 5G 在全球采用；同时，Open RAN Policy Coalition 联盟成立，旨在促进在 RAN 中采用开放和互操作的解决方案。

（12）2020 年 7 月，诺基亚和三星发布面向 5G 的 Open RAN 产品。

（13）2020 年 9 月，Mavenir 与 SCF 合作实现 OpenRAN femtocell portfolio 的扩展，用于支持 ALL G。

（14）2020 年 10 月，爱立信首席执行官 Borje Ekholm 指出在 2022 年之后，Open RAN 将成为影响收入和商业模式的主要因素之一。

随着 O-RAN 的不断发展与演进，提供 O-RAN 产品与方案的厂商也在不断更新迭代 O-RAN 相关产品，推动 O-RAN 持续发展。如图 2-2 所示，O-RAN 设备与软件生态链主要包括芯片供应商，如 intel（通用芯片）、nvidia（GPU）、Qualcomm（基带芯片）、XILINX（FPGA）；虚拟化平台，如 IBM、Readhat、CISCO、NECT、ROBIN、WindRiver、vmware；CU 和 DU 的硬件；通用服务器厂家，如 DELL、QCT；RU 硬件与嵌入式软件，如 Airspan、flex、Fujitsu、LKMW、NEC、SERCOM；VRAN 软件，如 Altiostar、Mavenir、Parallel Wireless、JMA；系统集成商，如 CISCO、Fujitsu、IBM、NEC、Rakuten、Tech Mahinda；传统的端到端老牌电信设备商，如 Nokia（积极）、Samsung（积极）、Ericsson（反对开放）、中兴（不积极）、华为（未参与）。

图 2-2　O-RAN 设备与软件生态

另外全球运营商作为 O-RAN 的网络部署及采购方，针对自身所处的政治、经济与技术环境，各自采用了不同的 O-RAN 策略与行动。

2.2　全球主流电信运营商 O-RAN 研发＆部署情况

本节主要介绍全球主流电信运营商 O-RAN 研发＆部署情况，括号中为事件的发生时间。

（1）欧洲。

● 达沃丰宣布在14个国家购买超过100 000个OpenRAN NSs（2019年11月）；在农村地区商业部署OpenRAN解决方案（2020年10月）；在英国构建260万个站点（2020年12月）。

● 德国电信与Mavenir、Parallel wireless一起制订Evenstar RRU计划（2020年2月）；计划在纽勃兰登堡建设一个拥有150个基站的O-RAN城市（2020年12月）。

● 到2025年，西班牙电信50%的市场将采用开放式RAN（2020年9月）；德国有1000个站点（2021年1月）。

● 法国电信到2025年只有O-RAN（2021年1月）。

（2）美国。

● AT&T完成nRT RIC/FH测试和试验（2020年）。

● DISH网络计划从头开始部署5G O-RAN网络（2020年2月）；计划到2022年（2020年10月）通过开放RAN解决方案覆盖美国20%的区域。

● 威瑞森电信完成W/5G设备的开放接口实验室测试（2019年）。

（3）中国。

● 中国移动进行O-RAN领域测试，包括LTE ORD（2019年）、NR ORD（2020年）和RIC（2019年起）。

● 中国联通在OpenRAN 5G NR方面与TIP签署MoU，在2020年基于ONF解决方案进行NRT-RIC试验。

（4）亚太与中东。

● 日本乐天4G O-RAN网络已部署（2019年2月）；5G O-RAN于2020年10月实现商业化。

● 日本都科摩在2019年9月基于开放接口的5G网络实现商业化；打造5G Open RAN生态系统（2021年2月）。

● 阿联酋电信和Parallel Wireless一起在中东、非洲、亚洲进行Open RAN
测试（2020年2月）。

下面主要介绍目前全球主流运营商的 O-RAN 部署及开发情况。

2.2.1　Telefonica的O-RAN研发&部署情况

在刚刚结束的 2022 年巴展上，总部位于西班牙的跨国运营商 Telefonica
对外公布了其 Open RAN 供应商名单，如图 2-3 所示，包括 Altiostar、京信
（Comba）、NEC、Airspan、Supermicro、Silicom、英特尔（Intel）、赛灵思
（Silicom）、Dell、HPE 等企业。其中，Altiostar 提供 RAN 软件，京信、NEC
和 Airspan 提供 4/5G RRU 和 AAU，英特尔提供 DU 芯片，赛灵思提供 RU 芯
片，Supermicro 和 Silicom 提供 DU 硬件，Dell 和 HPE 提供 CU 硬件，Red Hat
和 Vmware 提供容器基础设施服务管理（CISM），系统集成商为 NEC。

组件	供应商
RAN软件	Altiostar
DU硬件	Supermicro　Silicom
RRU/AAU	Comba(4G)　NEC(5G)　Airspan
芯片	Intel(DU)　Xilinx(RU)
CU硬件	Dell　HPE
CISM（容器基础设施服务管理）	Red Hat　Vmware
系统集成商	NEC

图 2-3　Telefonica O-RAN 供应商

2021 年，Telefonica 表示从 2022 年开始将在德国等四大市场部署 800 个商
用 Open RAN 站点。Telefonica 是 Open RAN 的积极推动者之一，2021 年该运
营商发布 Open RAN 白皮书，详细描述了其 4G/5G Open RAN 网络的架构设计、
技术选择和关键芯片组。在 2022 年巴展上，Telefonica 坦言经过前期探索实践
已收获不少"经验教训"，表示 Open RAN 要对齐传统 RAN，实现规模部署，
仍然还有一段路程要走，还有一些挑战必须解决，建议行业对互操作测试、多

供应商环境、高容量场景下的站点设计、基于容器的解决方案、自动化、初始部署成本、系统集成等方面重点关注。

2.2.2　德国电信的O-RAN研发&部署情况

2021 年 7 月，德国电信宣布启动位于新勃兰登堡的"O-RAN 小镇"，计划在 25 个站点上提供基于 O-RAN 架构的 4G 和 5G 服务。"O-RAN 小镇"是一个采用来自多供应商组件的开放式 RAN 网络，主要供应商包括 Dell、富士通、英特尔、Mavenir、NEC 和 Supermicro 等。其中，富士通提供 LTE 和 5G NR O-RU 单元，NEC 提供支持 32T32R 的 Massive MIMO RU 单元，Mavenir 提供 DU 和 CU 基带软件，虚拟化的基带软件运行于 Dell 和 Supermicro 提供的标准服务器硬件上，而整个 O-RAN 云架构建立在英特尔 FlexRAN 软件架构之上。同时，由于 O-RAN 架构中的软硬件组件来自不同的供应商，组件的集成、测试和生命周期管理工作非常复杂、极具挑战，德国电信还自开发并推出了独立于供应商的服务管理和编排系统（SMO），以推动实现端到端网络测试、远程站点配置、故障检测、故障处理等部署和维护工作全流程自动化。

德国电信表示，自 2016 年共同创立 xRAN 论坛以来，德国电信一直是推动 Open RAN 发展的先驱，并促成了 2018 年由运营商倡导的 O-RAN 联盟成立。在 O-RAN 小镇中，德国电信在欧洲首次实现了将 Massive MIMO 无线单元通过 O-RAN 开放式前传接口连接到虚拟化 RAN 软件。

2.2.3　沃达丰的O-RAN研发&部署情况

2022 年 1 月 29 日，沃达丰官网宣布开通首个 5G OpenRAN 站点，可承载实时 5G 流量。该站点由沃达丰与三星、风河、Dell、英特尔、Keysight Technologies 和 Capgemini Engineering 合作交付。其中，三星提供 vRAN 解决方案和 RU 单元；Dell 提供基于英特尔处理器和加速卡的服务器；风河提供 CaaS（容器即服务）平台；Capgemini Engineering 和 Keysight Technologies 提供测试和集成服务，以确保多供应商生态系统的互操作性。该站点基于 3GPP

R15 标准，即采用 NSA 组网，支持频谱共享模式下的 800MHz 和 2.1GHz 频段，采用 2T2R 或 4T4R。

沃达丰表示，计划到 2022 年年中，将升级到 5G SA，并支持 64T64R。届时，还将新引入供应商 NEC，将 NEC 的 Massive MIMO RU 单元与三星的 vRAN 解决方案集成。此前，沃达丰计划将于 2027 年前在英国农村场景中开通 2500 个 OpenRAN 站点，该站点为该计划的第一个。在 2022 年巴展上，沃达丰集团首席技术官 Johan Wibergh 表示，到 2030 年将在其欧洲市场的 30% 的站点上引入 Open RAN 技术。这意味着到 2030 年欧洲将有 30000 个站点采用 Open RAN，这些站点主要分布在农村中。

2.2.4　乐天移动的O-RAN研发&部署情况

2022 年 2 月，乐天移动首次公开其 Open RAN 网络的无线单元供应商名单，包括诺基亚、KMW、Airspan、Sercomm、NEC 等。如图 2-4 所示，乐天移动将建设全球最大的 O-RAN 网络。

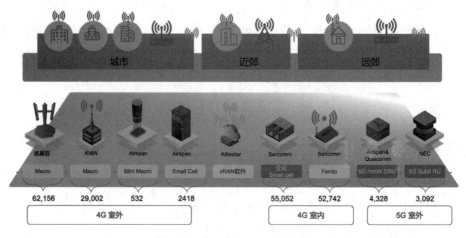

图 2-4　乐天移动 O-RAN 网络

如图 2-5 所示，诺基亚、KMW 和 Airspan 提供 4G 宏站 RU 单元，Sercomm 提供 4G 室内微站，Airspan、高通提供 5G 毫米波 RU 设备，NEC 提供 5G Sub 6GHz RU 设备。

场景	站点类型	厂商	部署数量（小区数）
4G室外	Macro	NOKIA	62156
	Macro	KMW	29002
	Macro	Airspan	532
	Small Cell	Airspan	2418
4G室内	Enterprise Small Cell	Sercomm	55052
	Femto	Sercomm	52742
5G室外	5G mmW DRU	Airspan&Qualcomm	4328
	5G Sub6 RU	NEC	3092
合计			209322

图 2-5　乐天移动 O-RAN 供应商

除了无线单元，根据之前报道，乐天移动的 RAN 软件来自 Altiostar，该 Open RAN 软件供应商已被乐天收购。

2.2.5　Dish的O-RAN研发&部署情况

作为新进移动运营商，美国 Dish 已宣布从零开始部署一张云原生、虚拟化且开放的 5G 网络，并宣布已与富士通、Altiostar、Mavenir、VMware 等 Open RAN 供应商达成多项相关交易。不久前，有海外媒体首次探访了 Dish 的 Open RAN 站点，该站点的 RU 单元来自富士通，RAN 软件来自 Mavenir，DU 服务器来自 Dell，底层云平台来自 VMware。

2.2.6　中国移动的O-RAN研发&部署情况

中国移动是 O-RAN 联盟的发起成员之一，一直积极推动 O-RAN 规范的成熟与产业链的发展。

2022 年年初，包括中国移动在内的中国三大运营商首次开启了 5G 白盒硬件小基站的大规模集采，主要用于室内覆盖。首轮大规模集采的落地将大幅降低 O-RAN 硬件元器件的平均成本。比如对于 Pico RRU，成本将有超过 50% 的降幅。这将有利于 Open RAN 生态圈市场的进一步扩大。

2019 年 11 月，由中国移动、中国电信、中国联通共同发起成立了亚太地区首个开放无线网络测试与集成中心（O-RAN Testing and Integration Center，OTIC）。O-RAN 联盟的目标是部署符合 O-RAN 规范开放接口的组件，为此，O-RAN 联盟的测试集成工作组（Testing Integration Focus Group，TIFG）设计了 OTIC，目的是为了引导和支持开放无线网络生态圈的规范一致性和互操作性测试，从而驱动整个开放无线网络生态圈更好地遵从 O-RAN 规范。亚太地区 OTIC 以中关村创新研究院为载体，获得了国际 O-RAN 联盟的授权，成为中国区唯一认证机构。

OTIC 实验室将提供多方面的测试认证项目，例如，开放接口一致性测试、互操作性测试、性能测试、端到端系统测试等。

2.3　传统电信设备供应商对 O-RAN 的支持情况

本节主要介绍传统电信设备供应商对 O-RAN 的支持情况，包括各供应商对 O-RAN 技术的立场、产品方案体系、商用情况等。

2.3.1　爱立信对O-RAN的支持情况

作为 O-RAN 联盟的创始成员，爱立信担任多个工作组主席，同时也积极参与 O-RAN 的研发标准化活动，但是爱立信表达过 O-RAN 将要面临的挑战，比如，Open RAN 设备比经典的 RAN 设备更加昂贵、开放的前传接口以及 NT-RIC 有可能为无线网络带来安全性风险和功能冲突，由于不同供应商提供的 xPP 之间有可能产生冲突以及 xPP 的信任问题等一系列挑战。爱立信于 2021 年 11 月正式为未来自治网络推出"智能自动化平台"，爱立信"智能自动化平台"是一个开放式的服务管理和编排（SMO）产品。该产品将帮助运营商优化网络性能、提高运营效率并提供更好的客户体验。该平台根据开放式无线接入网原则，提供服务管理和编排功能，并通过支持不同厂商和多种无线接入网技术推动网络自动化进程。该平台通过开放式的软件开发工具包，助力运营商和第三方开发带有新服务的应用（rApp），实现生态系统创新。

　　总体而言，爱立信支持 O-RAN 的自动化、智能化，但是对于开放化呈现出一定的反对态度。

2.3.2　诺基亚对O-RAN的支持情况

　　诺基亚与爱立信类似，也是 O-RAN 的创始成员之一，同时担任 NT-RIC 和 E2 接口部署两个工作组的主席。相较而言其更加积极主动。2019 年 8 月 AT&T 宣布其与诺基亚共同研发了 O-RAN 标准架构的 RIC，该平台基于实时可扩展的微服务架构以及无线数据库，提供开放式的控制面接口，包括移动性管理、频谱管理、负载均衡、无线资源控制、无线切片等。RIC 能够灵活地适应上述以及更多的来自不同供应商的软件功能。目前全球最大规模的 O-RAN 运营商——日本乐天也选定了诺基亚作为其 RAN 的重要供应商。据报道诺基亚现在是全球第一大 O-RAN 设备供应商。2021 年 11 月诺基亚宣布为 NTT DOCOMO 提供了 O-RAN 多厂家前传接口解决方案。在 NTT DOCOMO 的实验室中测试表明，诺基亚的 5G O-RAN 基带单元成功与第三方 O-RU 单元集成。

2.3.3　三星对O-RAN的支持情况

　　三星作为 O-RAN 的创始成员之一，在整个 Open RAN 领域非常积极。2020 年三星与 NEC 联合开发的满足 O-RAN 标准的 O-CU&O-DU 在 NTT DOCOMO 现网与第三方 O-RU 完成对接集成。2021 年三星宣布其基于云原生的 vRAN 将为日本运营商 KDDI 部署 5G 网络。2022 年年初英国沃达丰宣布采用三星 vRAN 设备在英国实现了第一个 5G ORAN 基站的部署，预计总规模将达到 2500 个基站。三星 vRAN 将提供基于云原生和容器化架构的基站，使得设备的部署更具灵活性，在此之上三星还将测试 DSS、EN-DC 等新技术，提升 4G/5G 网络能力。

2.3.4　华为/中兴对O-RAN的支持情况

作为全球最大的 RAN 系统供应商，华为公开反对 O-RAN，认为 O-RAN 在整体性能、价格、维护费用等方面与传统 RAN 有较大差距。特别是通用硬件的引入（如 x86 CPU）将带来设备硬件功耗大幅上升。中兴通讯目前也是 O-RAN 的成员之一，在 RIC 方面有过部分解决方案发布，但是在 O-RAN 联盟中并不算积极。

2.4　新兴电信设备供应商对 O-RAN 的支持情况

本节主要介绍新兴电信设备供应商对 O-RAN 的支持情况，包括各供应商对 O-RAN 技术的立场、产品方案体系、商用情况等。

2.4.1　Altiostar对O-RAN的支持情况

Altiostar 是一家美国的拥有约 300 名员工的小公司，也是 O-RAN 政策联盟的创始成员，2018 年年初，高通风投公司（Qualcomm Ventures LLC）和 Tech Mahindra 也作为投资者参与了 C 轮融资。这笔资金将用于扩展 Altiostar 的虚拟运行解决方案，使其涵盖 4G 和 5G 产品，从而允许电信运营商构建端到端的网络规模的云原生网络。其主要产品是 4G/5G RAN 基带处理软件（驻留在通用商品服务器上）和网络管理系统软件（支持网络管理、配置、监控、优化和故障排除），他们已经为多家运营提供了服务，如 Rakuten、Dish、Etisalat、GCI、TelecomItalia、Telcel Mexico、Telefonica，他们并不提供硬件设备，只提供纯软件的解决方案，网络部署中所需要的硬件网元，依赖于第三方 RRU 公司的产品，如 Airspan、GigaTera（KMW）、NEC。截至 2020 年 12 月 20 日，Altiostar 合作伙伴生态系统包括 10 家无线硬件供应商、9 家基带硬件供应商、6 家核心 /OSS/SDN/SON 供应商和 6 家系统集成商，公司旨在无限期地扩大该生态系统在移动通信网络中的地盘，这样客观上就会挤压传统移动设备供应商的生存空间。

Altiostar Open RAN 软件套件如图 2-6 所示。

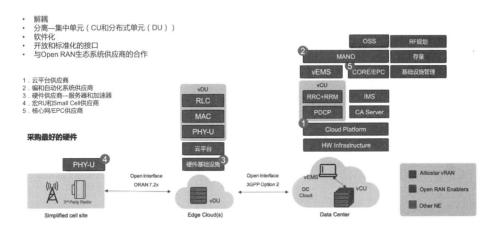

图 2-6　Altiostar Open RAN 软件套件

Altiostar Open vRAN 具有解耦，分散—集中式单元（CU）和分布式单元（DU），软件化、开放和标准化的接口， 同时与 Open RAN 生态系统供应商合作等。Altiostar Open vRAN 典型部署方案如图 2-7 所示。

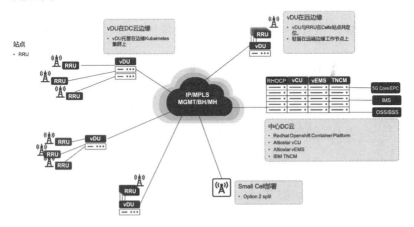

图 2-7　Altiostar Open RAN 软件套件部署方案

Altiostar Open vRAN 软件套件具有以下优点：

● 可扩展的云本地应用程序。

- 高可用性。

- 为数据中心和远端部署而设计。

- 坚持ORAN标准和接口。

- 支持Option$_{7-2x}$和Option$_2$分割。

- 支持零接触端到端单元站点自动配置。

- 防未来的软硬件解决方案——支持4G和5G。

- 支持多种云平台变体——虚拟机和容器。

- 支持多个CM、PM、FM。

2.4.2　Parallel Wireless对O-RAN的支持情况

Parallel Wireless 在美国是最前沿的 Open RAN 公司，成立于 2015 年，是 O-RAN 成员，也是 O-RAN 政策委员会成员。估计有 400 多名员工。

其产品线涉及宏站与小站、室内与室外，是美国三大无线设备商产品线最全面的一家。能够为网络覆盖和容量提供全球独有的软件定义端到端 Open RAN 解决方案。对于无法虚拟化的射频单元 RU，该公司与 Comba、Gigaterra（前身为 KMW）和 AceAxis 建立了合作伙伴关系。与该公司合作的运营商有 Etisalat、IpT Peru、MTN、Vodafone、OptimERA、Inland Cellular、Zain、Cellcom、Telefonica、Ice Wireless、Intelsat 和 Telesol。

Parallel Wireless 支持 2G 和 3G 网络以及 LTE 和 5G，参与 O-RAN 有先天的条件。其开发的 O-RAN RIC 控制器，能够将其现有的 2G 和 3G 网络与 LTE 和 5G 完全集成在一起，即 Single RAN。

如图 2-8 所示，Parallel Wireless 具备 2G、3G、4G、5G 的 Open RAN 软件套件。

Parallel Wireless All-G 控制器如图 2-9 所示。

Parallel Wireless 的 3 类 Open RAN 部署案例如图 2-10 所示。

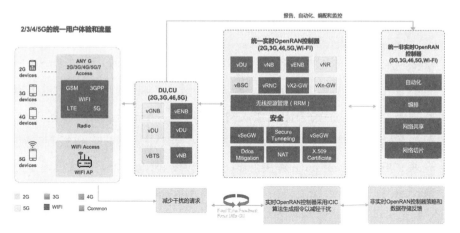

图 2-8　Parallel Wireless Open RAN 软件套件

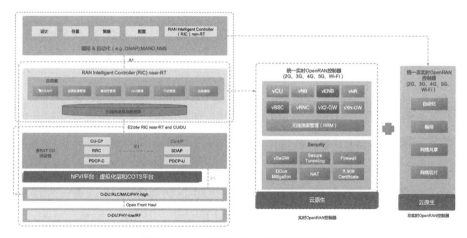

图 2-9　Parallel Wireless All-G 控制器

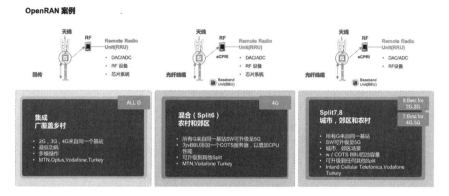

图 2-10　Parallel Wireless 的 3 类 Open RAN 部署案例

2.4.3　Mavenir对O-RAN的支持情况

Mavenir 是一家成立于 2005 年，来自美国的拥有约 3000 名员工的中型公司，也是 O-RAN 联盟的创始成员，还是基于软件的电信网络解决方案的供应商。其凭借创新、灵活的云无线接入网解决方案荣获 5G Asia 颁发的 2018 年度"最佳 RAN 产品"奖。除了 vRAN，它还提供 IMS、VoLTE 包核心、5G 核心、企业 LTE 和 CloudRange 解决方案，应该说，无论是公司的规模还是产品线，Mavenir 都比 Altiostar 强大。Mavenir 与 Altiostar 类似，都是提供纯软件的 vRAN 解决方案，它们不提供自己的硬件产品，所需要的 O-RU 和 O-DU 通过集成第三方 O-RU 来完成。对于无法虚拟化的射频单元 RU，该公司与 NEC、Baicells、MTI、康普等公司建立了 OEM 合作伙伴关系。与该公司合作的运营商有 Turkcell、Vodafone、Telefonica、Deutsche Telekom、O2、Dish Networks。Mavenir 除了没有射频单元 RU，其拥有核心网和 RAN 的其他产品。Mavenir 的产品组合包括 EPC、MEC、移动核心网络、IMS 和 RAN。

与现有供应商不同的是，Maveniv 将自己定位为一家只使用软件的公司，将依赖 O-RAN 生态系统的其他厂家进行硬件开发。Maveniv 的商业历史也比 Altiostar 或 Parallel Wireless 要长，而且早在 O-RAN 出现之前就与移动运营商建立了长期关系。鉴于其历史，Maveniv 推出了 O-RAN 的生态系统合作伙伴计划，将在多供应商环境中充当系统集成商的角色。在 RAN 领域，Mavenir 的主要关注点是软件，并致力于发展第三方设备单元 RU 供应商的关系。

Mavenir vRAN 软件套件如图 2-11 所示。

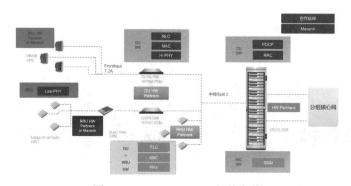

图 2-11　Mavenir vRAN 软件套件

2.4.4　思科对O-RAN的支持情况

思科是 O-RAN 联盟与 O-RAN 政策委员会成员，它主要提供虚拟化解决方案，并将硬件留给不断增长的生态系统的成员。思科倡议"开放虚拟局域网联盟 Open vRAN"。该联盟成立于 2018 年，旨在打破由华为、爱立信和诺基亚主导的无线电接入市场。

思科将小型 RAN 供应商 AltioStar、Mavenir、JMAW Phazr、Blue Danube、ASOC 与 Intel、Aricent、Tech Mahindra、Radisys、Qwilt、红帽子联合起来，创造了一个开放的虚拟生态系统，替代传统的设备商的市场。如图 2-12 所示，其核心理念是用 IP 技术建立一个全新的移动通信网联盟，打破传统移动设备商的壁垒与垄断。思科想通过上述方式帮助自己走出困境，在 O-RAN 领域，思科与新的生态系统其他成员的分工如下：

- 思科提供基于虚拟化的云平台等基础架构，包SDN、VFN等功能。

- AltioStar、Mavenir提供虚拟化的vRAN，包括O-DU、O-RU。

- 红帽子提供云操作系统。

- 生态系统主要集中在vRAN，包括vDU和vCU，但不涉及vRU，事实上，RU短期是无法实现虚拟化的。

图 2-12　思科 Open vRAN 生态

2.4.5　英特尔对O-RAN的支持情况

作为芯片行业的最重要厂商之一，Intel 很早就涉足通信芯片行业，从中国移动提出 C-RAN 的概念后，Intel 就成为其积极倡导者，推动基带处理采用 x86 架构的 CPU。同时 Intel 也是 O-RAN 联盟以及 TIP 的创始成员之一。为了抓住 5G、MEC 以及人工智能所带来的巨大机遇，Intel 于 2020 年正式宣布其为网络基础设施推出新的硬件、软件解决方案。包括英特尔软件参考架构 FlexRAN 的增强功能；英特尔虚拟无线接入网（vRAN）专用加速器；针对网络优化的下一代英特尔至强可扩展处理器和 D 系列处理器，以及升级的英特尔精选 NFVI 解决方案。

其中 FlexRAN 包含为 MIMO（大规模天线系统）所做的相关优化，用以增加带宽。增加与 3GPP R16 版本同步的 URLLC（超低时延高可靠性）能力。为了进一步支持室外宏站、室内分布式小基站等站型的可扩展平台。对一系列包括 Intel 处理器、以太网卡、Intel FPGA 专用加速卡等处理器的弹性支持。支持网络切片框架及服务。硬件方面包含 vRAN 专用的加速器 ACC100，面向网络基础设施的下一代至强处理器。

目前包括日本乐天移动、韩国 SK 电信、美国 Verizon、AT&T 等全球主流运营商在进行 O-RAN 网络的验证部署中均不同程度地采用了 Intel 相关芯片或解决方案。

2.4.6　亚信科技对O-RAN的支持情况

亚信科技作为企业数字化转型的使能者，通过构建云—网—边—端的产品体系，积极建设"5G+X"生态体系，推动通信、能源、金融、政务、邮政、交通、广电等行业数智化转型,助力产业可持续发展。在其 5G 专网产品体系中,O-RAN 作为无线侧标准产品解决方案，助力行业用户快速构建无线专网。

亚信科技 O-RAN 产品主要包括云化基站以及 RIC 产品。

1. 云化基站产品

亚信云化基站全面遵循 O-RAN 架构，实现 DU/CU 分离实现、云化部署，并支持关键的 O-RAN 开放接口，如 E2/A1/O1/O2 等。基站既可部署在独立的

x86服务器上，也可部署在数据中心通用的云计算平台之上，实现高弹性的灵活部署。基站硬件为三级分层架构，如图2-13所示，并支持灵活多样的部署形态，如图2-14所示。

- 基带处理单元运行O-CU以及O-DU功能。

- 扩展单元用于CPRI数据处理及路由转发，属于O-RU功能。

- 射频拉远单元完成射频信号处理后，与扩展单元组合，共同实现O-RU功能。

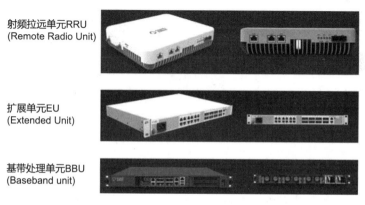

图2-13　亚信O-RAN云化基站产品示意图

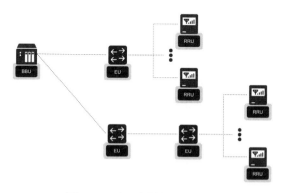

图2-14　灵活多样的部署形态

2. RIC产品

如图2-15所示，亚信科技RIC产品，非实时部分基于全域数据，处理时延要求大于 1 秒的业务，比如数据分析、AI 模型训练等；近实时部分基于 RAN 侧及时数据处理时延要求小于 1 秒的业务，比如无线资源管理、切换决策、双连接控制、负载均衡等。

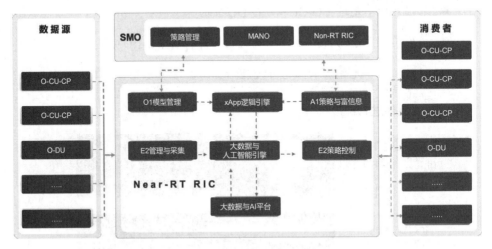

图 2-15　亚信科技 RIC 产品

亚信科技 RIC 产品全方位支撑无线网智能控制，主要具备以下优势：

● 灵活部署：支持云平台容器化部署。云平台部署虚拟化与近实时与非实时分离、合一部署。

● 开放接口：基于 O-RAN 标准接口，全面对接异厂家近实时或非实时 RIC，全面承接异厂家应用 App。

● 场景多样性：支持 QoE 预测与优化、QoS 资源优化、业务定向与 Massive MIMO 波束优化等。

● 多样化策略管理：多样化的专家策略库。动态捕捉，实时调整无线策略与精细化的策略，最大化使用资源。

● 强大的 AI 能力：拥有理解"O+B"全域数据的各类业务专家、能力超群的通信人工智能专业团队与经久考验的通信人工智能平台。

● GIS 服务及应用能力：运行监控数据可视化，覆盖场景地理可视化与网络拓扑可视化。

2.4.7　世炬网络对O-RAN的支持情况

世炬网络科技有限公司（简称世炬网络）是中国一家专注无线宽带接入解决方案和平台研发的高科技企业。

世炬网络在 4G LTE 协议栈基础上推出 5G NR 协议栈、BBU 及 5G NR 基站产品软硬件一体化解决方案，不仅向客户提供开放协议栈源码级授权，还提供 4G/5G 小基站、LTE 专网设备、LTE 应急通信等产品，并可根据客户的需求对系统的软硬件进行深度定制。

作为业内领先、拥有自主知识产权，具备端到端能力的全制式 5G O-RAN 技术提供商，世炬网络除了与国内三大运营商、通信领域龙头企业有深度合作外，还与合作伙伴共同参与海外试验网与商用网的测试与建设。

2.5　测试仪表厂商对 O-RAN 的支持情况

O-RAN 测试仪表是开放无线网络生态圈的重要组成环节。

总体来说，Open RAN 产业面临三大挑战：互操作性、多厂家系统集成的效率与质量及系统性能。解决以上技术挑战，不仅需要更加成熟、更加完善的 Open RAN 标准，同时也需要高效、可靠的测试工具和方法来支撑。为此，一些主流仪表厂家已适时推出 O-RAN 相关的测试仪表及测试方案。

2.5.1　是德科技对O-RAN的支持情况

是德科技提供全面的 O-RAN 解决方案套件，这些解决方案涵盖芯片前期开发和系统集成，能够满足从 RAN 边缘到网络核心的测试需求，如图 2-16~图 2-19 所示。

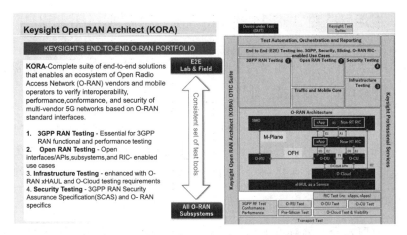

图 2-16　Keysight 开放无线网络测试架构

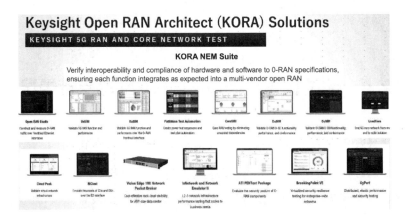

图 2-17　Keysight 开放无线网络测试工具集

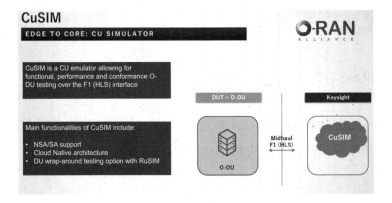

图 2-18　Keysight RIC 测试工具

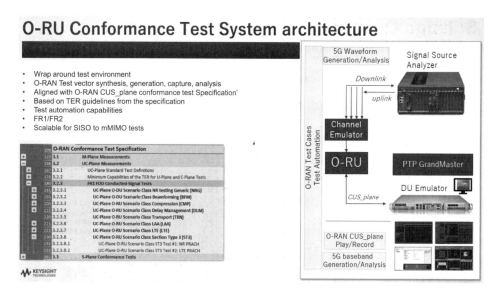

图 2-19　Keysight O-RU 测试工具

2.5.2　VIAVI对O-RAN的支持情况

VIAVI 提供了针对 O-RAN 开放接口的测试解决方案，与现有的传统 RAN 测试工具共用平台，如图 2-20~ 图 2-22 所示。

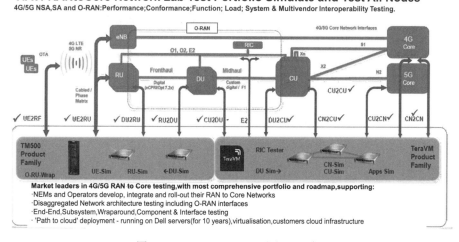

图 2-20　VIAVI O-RAN 测试工具系列

Solution Overview
E2E RIC Test Strategic Pillars

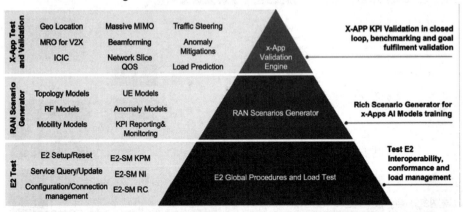

图 2-21　VIAVI RIC 测试解决方案

RIC Test-Wraparound Environment for Open RAN App Developers(Future)

In The future VIAVIs RIC test aims to facilitate full stack environment to facilitate best of class experience for App developers. Among the potential functionalities:

- E2/01/A1 Interface and Load support
- RAN SIM Scenario generator
- X/R-App Closed loops KPI validation
- E2E Wraparound Testing
- Digital Twin with Real Network Data Calibration

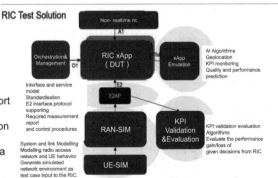

图 2-22　VIAVI RIC 测试环境

第3章

O-RAN 架构

在传统的蜂窝无线接入网（RAN）中，一般使用专有网络设备，这些设备来自少数特定的网络设备商，比如爱立信、华为、中兴、诺基亚等。而无线网络的建设一直是运营商网络综合成本（TCO）的最主要部分，占比为60%~70%。因此移动网络运营商一直期望能够解除专有 RAN 设备的限制，以允许任何组织创建可以互操作的 RAN 产品，从而支持更多的新进供应商进入这个市场以降低成本。基于这个目的，由运营商主导的 O-RAN 联盟应运而生。

O-RAN 联盟的目标是推动 RAN 接口开放化、硬件白盒化、软件开源化和网络智能化，以打破传统封闭的 RAN 构架，降低 RAN 的部署成本，提升敏捷性和加速创新。因此 O-RAN 架构的设计主要围绕网络智能化、接口开放化、软件开源化、硬件白盒化等四大方向进行。"网络智能化"提升无线网自动化运维和定制化管理能力；"接口开放化"实现原有封闭接口的开放，降低区域性单一厂商的依赖性；"软件开源化""硬件白盒化"则是推出软硬件参考设计、共享成果，最终降低行业门槛。

基于以上背景，本章首先介绍 O-RAN 的总体架构设计，之后介绍 O-RAN 在与移动通信网络中的位置及其与 3GPP 网元之间的互联互通，然后介绍 O-RAN 安全相关内容，最后从核心目标以及具体设计等方面介绍 O-RAN 架构与 3GPP 5G RAN 架构之间的差异。

3.1 O-RAN 架构总体介绍

本节将介绍 O-RAN 的总体架构设计，主要包括 O-RAN 高层体系结构以及 O-RAN 的逻辑架构，O-RAN 的总体架构设计按照功能分成三个部分：

- O-RAN云平台（即O-Cloud）。

- O-RAN网络功能。

- O-RAN服务管理和编排（即SMO）。

在本节的 3.1.1~3.1.4 节分别对 O-RAN 总体架构以及 O-Cloud、网络功能、SMO 进行介绍，在 3.1.5 节对 O-RAN 控制环路以及 O-RAN 智能化进行介绍。

3.1.1　O-RAN总体架构

本节主要从 O-RAN 高层体系结构以及 O-RAN 的逻辑架构两个方面介绍 O-RAN 的总体架构设计。

O-RAN 的高层体系结构主要从粗粒度模块化的角度对 O-RAN 的功能和接口进行设计。从功能的角度看 O-RAN 的高层体系结构采用了三层架构，从下往上分别为：云平台（O-Cloud）、O-RAN 网络功能以及服务管理和编排（SMO）框架。在该体系结构中还包含了两个智能化的网络功能：Non-RT RIC（非实时无线智能控制器）和 Near-RT RIC（近实时无线智能控制器）。其中，Non-RT RIC 包含在 SMO 框架中，Near-RT RIC 包含在 O-RAN 网络功能中，两者之间通过 A1 接口连接。

从接口的角度在 O-RAN 的体系架构中设计了四个最关键的接口：A1 接口、O1 接口、O2 接口、Open Fronthaul M-Plane 接口（即开放前传控制面接口）。其中，Open Fronthaul M-Plane 接口为 SMO 与 O-RU 之间的接口，用来支持混合模式下的 O-RU 管理。除此之外，还有 NG 接口、O-Cloud Notification 接口以及其他接口（比如由外部系统向 SMO 提供增强数据的接口等），NG 接口为 O-RAN 与核心网之间的接口，其遵循 3GPP 规范定义的 NG 接口标准协议，O-Cloud Notification 接口为 O-RAN 网络功能与 O-Cloud 之间的接口，通过该接口 O-RAN 网络功能可以接收 O-Cloud 相关的指示消息。

O-RAN 的高层体系结构如图 3-1 所示。

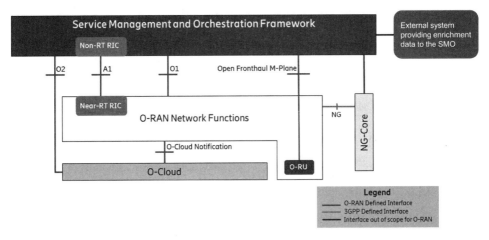

图 3-1　O-RAN 高层体系结构图

　　O-RAN 的逻辑架构是在 O-RAN 高层体系结构的基础上将系统功能分成了不同的逻辑单元，并描述各个逻辑单元之间的交互，结合 O-RAN 三层体系结构，下面分别从云平台、O-RAN 网络功能、服务管理和编排框架三个方面介绍：

● 云平台（O-Cloud）是一个云计算平台，包括满足O-RAN要求的物理基础设施节点的集合，用来承载相关的O-RAN功能（如Near-RT RIC、O-CU-CP、O-CU-UP和O-DU等）、支持软件组件（如操作系统、虚拟机监视器、Container Runtime）以及相应的管理和协调功能。

● O-RAN网络功能即无线接入网功能，包括O-CU-CP、O-CU-UP、O-DU、O-RU以及Near-Real Time RIC功能组件，除了遵从3GPP标准中CU-CP、CU-UP、DU、RU的功能定义以外，还增加了Near-Real Time RIC功能将10ms~1s无线智能化控制环路引入RAN中以实现近实时的无线智能网络优化。相互间的接口NG-u、NG-c、E1、F1-u、F1-c、Xn-u、Xn-c、X2-u、X2-c遵循3GPP标准中相关的接口定义，除此之外还为Near-Real Time RIC功能增加了E2接口和A1接口。

● 服务管理和编排（SMO）框架，包括SMO和Non-Real Rime RIC，在O-RAN体系结构中，SMO主要负责RAN域的管理，比如，O-RAN网络功能的FCAPS接口、O-Cloud管理编排和工作流管理等功能及接口，以及用于1s以上RAN优化非实时智能控制环路的Non-Real Rime RIC功能及接口。

O-RAN 的逻辑架构中各组件之间的接口主要包括：

● O1接口：O-RAN网络功能与智能化管理平台之间的接口。

● O2接口：O-RAN网络功能及云平台（O-Cloud）与服务管理和编排（SMO）框架之间的接口。

● A1接口：无线智能控制器之间的接口，即服务管理和编排（SMO）框架中的非实时RIC与近实时RIC之间的接口。

● E2接口：近实时RIC与O-RAN网络功能之间的接口。

● Open Fronthaul M-Plane接口：开放前传控制面接口，即服务管理和编排（SMO）框架与O-RU之间的接口。

● 其他3GPP定义的接口，以及预留接口。

O-RAN 的逻辑架构如图 3-2 所示。

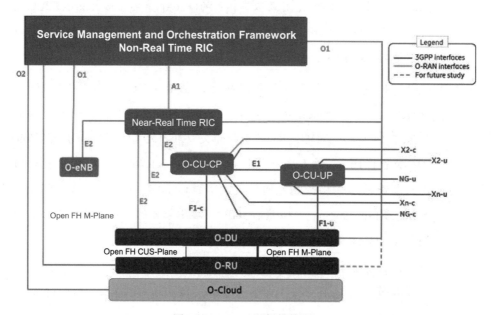

图 3-2　O-RAN 逻辑架构图

3.1.2　O-RAN云平台

云平台是指基于硬件资源和软件资源的服务，提供计算、网络和存储能力。O-RAN 云平台除了具有通用云平台的特征之外，还具有专有的特征，比如为了满足 O-RAN 网络性能目标需要包含各种加速技术；云平台软件和硬件可分离，可以由不同的供应商提供等。

O-RAN 云平台（O-Cloud）主要提供以下功能：

● 通过O2接口向SMO开放云以及workload管理服务，提供基础结构发现、注册、软件生命周期管理、工作负载生命周期管理、故障管理、性能管理和配置管理等功能。

● 向支撑的O-RAN workload开放O-RAN加速器抽象层（AAL）API，以进行硬件加速器管理。

● 向O-RAN网络功能开放O-Cloud指示接口，用来向O-RAN网络功能提供关键指示信息（比如，PTP同步状态信息等）。

● 提供O-RAN云架构和部署场景规范中不同部署场景的相关需求。

● 为O-RU的虚拟化提供支持。

3.1.3　O-RAN网络功能层

1. O-RAN 网络功能

O-RAN 网络功能是 O-RAN 整个架构的核心，用来实现 O-RAN 网络的完整无线接入服务功能，它在已有的 3GPP 5G RAN 功能及接口基础上进行了扩展，将无线智能控制器闭环功能引入无线接入网，O-RAN 的网络功能包括：

● O-CU-CP：O-RAN集中单元控制面，承载RRC、PDCP协议控制面部分的逻辑节点，通过E1接口与O-CU-UP连接，通过F1-C接口与O-DU连接，同时，增加了与Near-RT RIC的E2接口。

- O-CU-UP：O-RAN集中单元用户面，承载PDCP、SDAP协议用户面部分的逻辑节点，通过E1接口与O-CU-CP连接，通过F1-U接口与O-DU连接，同时，增加了与Near-RT RIC的E2接口。

- O-DU：O-RAN分布单元，基于下层功能分割承载RLC、MAC、高PHY层的逻辑节点，通过F1-C接口与O-CU-CP连接，通过F1-U接口与O-CU-UP连接，同时，增加了与Near-RT RIC的E2接口，以及与O-RU的Open FH CUS-Plane、Open FH M-Plane接口。

- O-RU：O-RAN射频单元，基于下层功能分割的逻辑节点承载低PHY层和射频处理，增加了与O-DU的Open FH CUS-Plane、Open FH M-Plane接口，以及与SMO的Open FH M-Plane接口。

- Near-RT RIC：近实时无线智能控制器，是O-RAN中新定义的功能，将人工智能引入网络中，实现对无线资源的近实时智能控制，通过E2接口与E2节点（O-CU-CP、O-CU-UP、O-DU、O-eNB等）连接，通过O1接口与SMO连接，通过A1接口与Non-RT RIC连接。

2. O-RAN 网络接口

在网络接口方面O-RAN架构既保留了3GPP规范定义的5G RAN的接口，同时为了云化以及在无线网络中引入智能化及开放性，而增加了一些新的接口，O-RAN架构新引入的接口包括：

- A1 接口：Non-RT RIC与Near-RT RIC之间的接口，用于无线资源管理策略下发，Near-RT RIC人工智能模型管理及模型评估等。

- O1 接口：SMO与O-CU、O-DU、O-RU、Near-RT RIC、O-eNB之间的接口，用于运维和管理，通过此接口实现FCAPS管理、软件管理、文件管理等。

- O2 接口：SMO与O-CLOUD之间的接口，用于SMO对O-Cloud的FCAPS管理和运维。

- E2 接口：Near-RT RIC与O-CU、O-DU、O-RU、O-eNB之间的接口，

用于O-RAN网络功能向Near-RT RIC开放网络侧的实时数据以及Near-RT RIC对无线网络资源执行优化的控制指令及E2策略下发等。

● O-Cloud指示接口：O-Cloud向O-RAN网络功能提供关键信息指示消息。

● 开放式前传接口（Open Fronthaul interface）：SMO与O-RU之间的接口，在混合模式下用于SMO对O-RU的FCAPS管理以及用户同步控制等。

3.1.4　O-RAN服务管理和编排

SMO 处于 O-RAN 架构中的最上层，可以实现整个 O-RAN 系统的操作维护管理功能以及 Non-RT RIC（非实时无线智能控制器）智能化控制相关功能及服务，主要包含以下三个方面的内容：

● O-Cloud云基础设施的操作维护：SMO可以根据O-RAN网络功能部署及业务等信息，为其调整计算、存储、网络等云基础设施资源的分配，以满足其对云基础设施资源的需求，并通过O2接口来实现对相关云基础设施的操作、维护及管理，例如，O-Cloud云基础设施的FCAPS管理等。

● O-RAN网络功能的操作维护：O-RAN逻辑架构图如图3-2所示，O-RAN的网络功能包含部署在O-Cloud云基础设施之上的多个不同的逻辑网元，SMO通过O1接口对这些逻辑网元进行操作、维护及管理，例如，O-RAN网络功能逻辑网元的生命周期管理、FCAPS管理等。

● 非实时无线智能控制器（Non-RT RIC）：非实时无线智能控制器实现1s及以上时延要求的无线智能控制环路，结合智能控制本身对大数据存储及AI算力的要求，可以将其放至逻辑上距离O-RAN网络功能较远的SMO上，并通过A1接口实现对O-RAN无线资源较大时间粒度的控制。

3.1.5　O-RAN智能化控制

在无线接入网中引入智能化是 O-RAN 一个重要的目标，也是运营商降低运营维护成本的关键所在，在 O-RAN 中设计了三条控制环路，其中包含两条明确定义的智能化控制环路，即 Non-RT RIC 和 Near-RT RIC。本节中主要介绍O-RAN 的控制环路，并对 O-RAN 智能化设计与 3GPP 和 ETSI 等其他组织智能化设计进行比较。

1. O-RAN 控制环路

O-RAN 在架构设计中根据对无线资源管理控制的执行时间大小引入了三条控制环路：

● 非实时智能化控制环路：是指需要Non-RT RIC参与的执行时间在1s以及更长时间的智能化控制环路，环路对时延的要求较低，在逻辑上位于O-RAN架构最上层，作为SMO框架的一个功能位于SMO框架中。

● 近实时智能化控制环路：是指需要Near-RT RIC参与的执行时间在10ms以上1s以下的智能化控制环路，环路对时延要求较高，在逻辑上位于O-RAN网络功能这一层，平行于O-CU、O-DU等E2节点，向E2节点采集数据并进行分析预测，进而生成对网络无线资源的配置策略或控制命令，并向E2节点发送该指令，最终由E2节点执行。

● 实时控制环路：是指在E2节点内部执行时间在10ms以下的控制环路，该环路对时延要求最高，在逻辑上位于O-DU节点内，作为其功能的一部分实时对网络无线资源进行配置及优化。

控制环路是基于控制实体定义的，如图 3-3 描述了控制环路控制实体及与之交互的其他逻辑节点。

O-RAN 控制环路对无线资源的控制时间粒度不同，从逻辑上相互之间并不相悖，可以同时存在，在实际应用中通常会根据不同的应用场景和用例需求相互协同工作。根据应用场景及用例的不同，它们相互之间可能会产生影响，或者相互之间无影响。非实时 RIC 和近实时 RIC 控制环路的应用场景及用例，在 O-RAN 标准的 O-RAN 用例分析报告文档中进行了定义。该报告文档还定义了 O-CU-CP 和 O-DU 控制环路的相关交互过程、寻呼控制和移动性、空口资源调度、HARQ、波束赋型等。

控制环路的时间通常情况取决于应用场景和用例。非实时 RIC 控制环路的执行时间为 1s 或更长；近实时 RIC 控制环路的执行时间为 10ms 或更长；E2 节点上的控制环路可以控制在 10ms 以内（例如，O-DU 的无线资源调度功能）。

O-RAN 控制环路，在实际应用场景和用例下相互协同工作，但是可能会出现不同用例之间或者不同控制环路之间的控制及配置操作发生冲突的情况，需要关注优化控制策略及配置的冲突问题。

O-RAN 控制环路如图 3-3 所示。

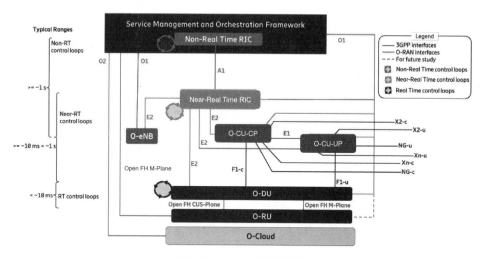

图 3-3　O-RAN 控制环路

2. O-RAN 与 ETSI/3GPP 的智能化对比分析

网络智能化是 O-RAN 的四个核心努力方向之一，O-RAN 的智能化主要体现在两个智能化控制闭环，即 Near-RT RIC 和 Non-RT RIC。其中，Near-RT RIC 离网络功能更近完成更小时间粒度（10ms~1s）的 RAN 侧智能化控制，

Non-RT RIC 在 SMO 中用来实现 1s 以上时间粒度的 RAN 侧智能化控制。O-RAN 的智能化控制架构如图 3-4 所示。

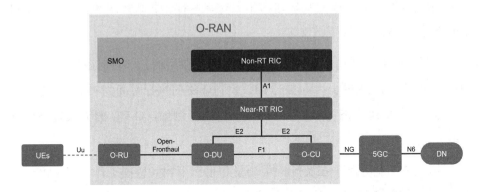

图 3-4　O-RAN 智能化控制架构

在 3GPP 中，也存在对移动网络的智能化控制。3GPP SA2 在 Rel 15 的 5G 核心网络中首次引入了网络数据分析功能（NetWork Data Analytics Function，NWDAF）。在此基础之上，在 3GPP 推出 Rel 16 时，3GPP SA2 就 5G 智能网络建立了 *Study of enablers for Network Automation for 5G*（*eNA*）项目，并在 R16、R17 及当前的 R18 中不断进行演进和增强。NWDAF 属于 5G 核心网中的网元，主要负责核心网侧的智能化。目前该项目确认了用户体验感知、切片负载分析、用户行为分析等十多个应用场景，并仍在进一步扩充。

NWDAF 通过与不同的 5GC 功能实体交互、相互协作实现 5GC 的智能化闭环控制，交互内容主要包括如下信息：

● 数据收集，基于 AMF、SMF、PCF、UDM、AF（直接或通过 NEF）和 OAM 提供的事件订阅。

● 获取数据库信息（如通过 UDM 从 UDR 获取签约相关信息）。

● 获取 NF 相关信息（如通过 NRF 获得 NF 相关的信息）。

● 按需提供分析结果给服务消费者。

3GPP 的 5G 核心网智能化架构如图 3-5 所示。

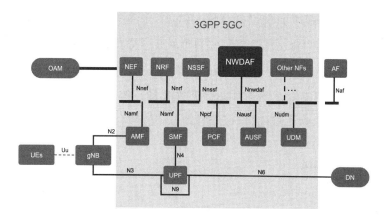

图 3-5　3GPP 5GC 智能化架构

同样，在 2017 年 2 月，ETSI 宣布成立 ISG ENI（Experiential Network Intelligence）小组，目的是定义一个基于"感知—适应—决策—执行"控制模型的认知网络管理架构。通过使用 AI 技术和上下文感知策略，根据用户需求、环境条件和业务目标的变化调整提供的服务。ENI 系统是一个创新的、基于政策的、模型驱动的功能实体，可以改善运营商的体验。除了网络自动化之外，ENI 系统还协助人类和机器的决策，使系统更具可维护性和可靠性，提供上下文感知服务，能更有效地满足业务需求。

ETSI 的 ENI 根据是否有 AI 参与以及 AI 能力是否在辅助系统控制回路中，设计了三种类型：

- 不具备AI能力，ENI系统不参与辅助系统实时控制回路中的决策。
- 具备AI能力，ENI系统不参与辅助系统实时控制回路中的决策。
- 具备AI能力，并且ENI系统参与对辅助系统执行任何功能的决策，需要辅助系统授权。

本书只介绍第三种类型，即具备 AI 能力，且 ENI 系统参与对辅助系统执行任何功能的决策，如图 3-6 所示，此种类型又分成了两个 Option：

- ENI仅与单一的辅助系统进行通信，辅助系统有多个闭环控制回路，致力于优化单个辅助系统的性能，ENI不知道辅助系统的控制回路和类型。

- ENI与多个辅助系统进行通信，ENI不需要知道正在与哪些辅助系统进行通信，ENI会以注册或其他的形式记录它们与哪些系统通信或哪些系统正在通过与ENI连接的系统通信，ENI和辅助系统之间交换的所有信息，包括命令、建议等可能会有所变化，但是ENI系统与辅助系统之间的通信协议和通信机制不会变化。

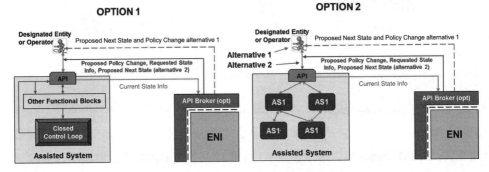

图 3-6　ETSI 有 AI 参与的 ENI 控制回路

综上所述，O-RAN 的 RIC、3GPP 的 NWDAF 和 ETSI 的 ENI，三者都可以为通信网络提供智能化服务，然而三者也存在较大的差异，主要体现在以下方面：

- 智能化目的不同：RIC主要实现O-RAN侧的智能化控制，NWDAF主要实现5GC侧的智能化控制，ENI主要实现网络运营管理的智能化控制。

- 智能化时间粒度差异：RIC可以实现10ms~1s级别的智能化控制，NWDAF可以实现10ms级别的智能化控制，ENI可实现实时/非实时的智能化控制。

- 部署位置及作用域不同：RIC集成在无线接入网侧，NWDAF集成在5G核心网侧，ENI部署在网络运营管理侧。

- 智能控制闭环：在O-RAN中加入RIC可实现无线侧的智能化闭环，在5GC中加入NWDAF可实现核心网侧的智能化闭环，在网络运维管理中加入ENI可实现网络运营管理的智能化闭环。

3.2　O-RAN 与其他网元互连

O-RAN 联盟希望构建一个开放、虚拟化和智能的无线接入网体系结构以及一个开放的无线接入网生态。而一个完整的移动通信系统除了无线接入网（RAN），还应包括终端、传输网（TN）以及核心网（CN）等部分，同时也涉及与其他 3GPP/Non-3GPP 系统之间的互联互通。基于此，本节分别介绍了 O-RAN 与 3GPP LTE、3GPP 5G、Non-3GPP 网元之间的互联。

3.2.1　O-RAN 与 3GPP LTE 网元互连

O-RAN 架构设计过程中考虑了与 3GPP LTE 网元之间的互连方法，沿用了 3GPP 中定义的 X2 接口，不过在 O-RAN 架构中目前尚未对 O-RAN 与 LET 核心网 EPC 之间的 S1 接口进行定义。因此，O-RAN 可以通过 X2 接口与 LTE O-eNB 连接，并通过 EPC 连接到 PDN（公用数据网络）。连接方式详细讲解可以参考 3GPP TR 38.801 标准中 5G 架构选项 3，O-RAN 与 UE 之间的 Uu 接口以及 O-RAN 与 O-eNB 之间的 X2 接口可参考 3GPP Uu、NG 接口相关的功能及标准。O-RAN 与 3GPP LTE 网元互连示意图如图 3-7 所示。

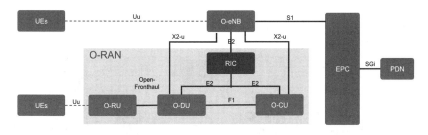

图 3-7　O-RAN 与 3GPP LTE 网元互连

3.2.2　O-RAN 与 3GPP 5G 网元互连

O-RAN 架构设计过程中考虑了与 3GPP 5G 网元之间的互连方法，沿用了

3GPP 中定义的 Xn 及 NG 接口，因此，O-RAN 可以通过 Xn 接口与 5G gNB 互连，并通过 NG 接口连接到 5GC，该连接方式可以参考 3GPP TR 38.801 标准中关于新 RAN 架构的描述，O-RAN 与 UE 之间的 Uu 接口、O-RAN 与 gNB 之间的 Xn 接口以及 O-RAN 与 5GC 之间的 NG 接口可参考 3GPP Uu、Xn、NG 接口相关的功能及标准。O-RAN 与 3GPP 5G 网元互连示意图如图 3-8 所示。

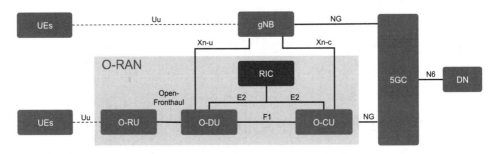

图 3-8　O-RAN 与 3GPP 5G 网元互连

3.2.3　O-RAN与Non-3GPP网元互连

O-RAN 与 Non-3GPP 网元之间的互连沿用了 3GPP 定义的连接方法。在 3GPP 标准中将 Non-3GPP 接入分成了两类：一类是非可信的 Non-3GPP 接入；另一类是可信的 Non-3GPP 接入。这两种方式中 O-RAN 与 Non-3GPP 接入网元之间无直接连接和交互，通过双方均连接到 5GC 的方式达成互连。详情可参考 3GPP TS 23.501 标准，两种连接方式分别如图 3-9 和图 3-10 所示。

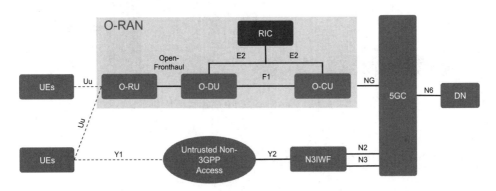

图 3-9　O-RAN 与非可信的 Non-3GPP 网元互连

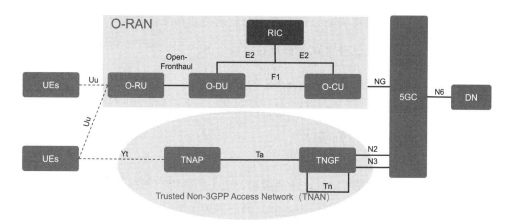

图 3-10　O-RAN 与可信的 Non-3GPP 网元互连

3.3　O-RAN 安全

　　O-RAN 架构在设计之初就采用了开放性的架构，即在 3GPP 5G RAN 架构的基础上，通过开放接口、软件开源和硬件白盒化等方式，将无线接入网由传统的封闭模式向开放模式演进。在"开放"的同时必然会带来网络安全方面的挑战。为此，O-RAN 联盟以 3GPP 和 IETF 标准开发组织的安全改进作为基础，构建了一个 O-RAN 的安全架构，该架构使 5G CSP（通信服务提供商）能够以与 3GPP 指定 RAN 相同的置信度部署和操作 O-RAN。O-RAN 联盟在追求零信任体系结构（ZTA）目标的同时，通过降低整个攻击面的风险，加强了 O-RAN 的安全态势。

　　本节分别从安全优势、威胁分析、降低风险的安全机制、安全增强计划等方面对 O-RAN 安全做了介绍。

3.3.1　O-RAN安全措施

　　O-RAN 采用开放性和低耦合度的体系结构，这为 O-RAN 带来了与生俱来的安全优势：

●　开源软件实现了透明性和通用控制。

- 开放式接口确保安全协议和安全功能的使用和互操作性。

- 解耦使得可以通过多样性实现供应链安全。

- 更高的透明度可以提升AI和ML的智能化能力。

3.3.2　O-RAN威胁分析

安全性的基础是威胁分析，包括威胁、攻击面、资产和利益相关者的识别。O-RAN 体系结构包括新的接口和功能，扩展了攻击面，引入了新的安全风险。在基于云的部署中，O-RAN 还与虚拟化软件存在共同的安全风险。O-RAN 威胁和攻击面有以下几类。

（1）O-RAN 系统的威胁可分为四类。

- 架构威胁：主要包括功能、接口和协议威胁。

- 云威胁：主要包括云硬件和软件基础设施威胁。

- 供应链威胁：主要包括使用开源软件的威胁。

- 物理威胁：一般认为O-RAN范围内不存在该威胁。

（2）O-RAN 的攻击面分为六大类。

- 附加功能：SMO、Non-RT RIC（包括rAPP）和Near-RT RIC（包括xAPP）。

- 开放式接口：A1、E2、O1、O2和开放前传接口（7-2x）。

- 改进的架构：低层与开放前传接口（7-2x）分离。

- 信任链：硬件和软件的分离，以及第三方xAPP和rAPP的使用。

- 容器化和虚拟化：容器和云安全风险。

- 开源软件：零日漏洞攻击和公共漏洞风险。

需要注意，攻击面的前 3 项是 O-RAN 特有的。后 3 项不是 O-RAN 特有的。

有关 O-RAN 威胁建模的更多信息，请参阅《安全威胁建模和修复分析》文档。

3.3.3 O-RAN安全协议

O-RAN 指定了在 O-RAN 接口上使用以下安全协议的配置和密码套件：SSHv2、TLS 1.2 和 1.3、DTLS 1.2、IPsec 和 NETCONF，通过 O-RAN 接口安全传输。有关 O-RAN 安全协议的更多信息，请参阅《安全威胁建模与修复分析》文档。有关这些协议在 O-RAN 联盟工作组规范中用于强制执行机密性、真实性、完整性和最低特权的其他信息，请参阅《O-RAN 安全需求》文档。

3.3.4 零信任体系结构

O-RAN 遵循 3GPP 安全设计原则和行业最佳实践，致力于零信任的指导原则，因此 O-RAN 提供 5G 网络运营商和用户所期望的安全级别。零信任体系结构必须考虑内部和外部威胁。传统上，RAN 被认为是可信的，但零信任假设用户或资产不存在基于物理位置、网络位置或所有权的隐性信任。这会增加风险的一个组成部分——可能性评分，从而增加 RAN 安全性的风险。NIST 800-207 中定义的零信任体系结构包括对具有基于证书的相互认证的 PKI（公钥基础设施）的支持。

3.3.5 安全增强计划

O-RAN 正在考虑未来进行以下安全增强：

● TLS 1.3的强制性支持，以符合NIST的要求。

● 开放FH（7-2x）安全保护：首先，必须支持TLS和PKIX（公钥基础设施X.509），以便在开放FH M-Plane上进行相互认证；其次，开放FH CUS-Plane安全；最后，基于802.1x端口的NAC（网络访问控制）解决方案。

● Near-RT RIC和xApp安全保护。

● Non-RT RIC和rApp安全保护。

● O-Cloud安全保护。

● SBOM（软件材料清单）、安全贡献以及使用开源软件等的横向O-RAN指导。

以上安全增强内容并不是一个完全的、静态的清单。由于安全威胁和漏洞不断演变，O-RAN标准化组织会定期重新评估安全态势和要求。

3.4 O-RAN 架构与 3GPP 5G RAN 架构比较

本节首先从无线接入网设计核心目标方面对 O-RAN 架构和 3GPP 5G RAN 架构进行了比较。然后又分别从功能、接口、物理层切分三个方面对 O-RAN 架构和 3GPP 5G RAN 架构的差异进行了描述。

3.4.1 核心目标比较

O-RAN 架构和 3GPP 5G RAN 架构在设计目标上是有明显差异的。5G 是伴随着爆炸性的移动数据流量增长、海量的设备连接以及不断涌现的各类新业务和应用场景而生的第五代移动通信技术，因此在前几代移动通信技术的基础上，采用更先进的技术及方法来实现人们对更高性能移动通信系统的需求是 3GPP 5G RAN 的核心目标。

5G 无线接入网相比于第三、第四代无线接入网而言，存在运行频率高、蜂窝小、电力消耗大、基站数量庞大、网络复杂、运维管理难度增加等因素，这将导致运营商在 5G 网络大规模部署过程及后期的运维管理中面临较大的资金挑战，因此在 5G 网络开始大规模部署之前，针对降低网络建设及运维成本问题，运营商已经开始尝试寻找解决方案。前面已介绍 O-RAN 联盟首先是由中国移动、美国 AT&T、德国电信、NTT DOCOMO 和 Orange 五家运营商于2018 年 2 月共同发起成立，并由原来的 C-RAN 联盟和 xRAN 论坛合并而成，O-RAN 联盟在创立之初就提出了"开放"和"智能"两大核心愿景，最终的目标也是通过充分融合 IT 及 CT 行业新的技术、制定统一的标准来降低无线接入网络的建设及运维成本、提升无线接入网络的服务质量，并引导通信行业的发展。因此如何促进无线接入网络的低成本建设和运维以及提升网络服务质量就成了 O-RAN 的核心目标。

因此，O-RAN 架构和 3GPP 5G RAN 架构虽然都是要推动和发展 5G 网络技术，但是因为要解决问题的侧重点不同，在核心目标上就存在较大的差异，一个是在前几代移动通信技术基础上不断地向前进行演进，进而实现更高的速率、更低的延时、更大的网络容量等等，另一个是在推动和发展 5G 网络技术的基础上更侧重于解决运营商的网络建设及运维成本问题。

3.4.2　架构比较

由于在设计目标上既有相同部分也有不同内容，导致 O-RAN 联盟和 3GPP 在无线接入网的设计思路及侧重点上有明显的差异。从技术标准的角度来看，O-RAN 试图主导技术的标准化实现，对 3GPP 进行尝试性的引导；从技术创新的角度来看，更多地将大数据、云平台、人工智能等其他行业技术引入通信领域，去推动通信行业的技术创新，增强通信行业的技术先进性；从架构设计的角度来看，通过定义新的逻辑网元和网络接口，将智能化引入无线接入网，来增强无线接入网的自动管理及优化能力；从产业生态的角度来看，通过开放性的接口和硬件白盒化的设计来打破现有无线通信行业的商业模式，催生出更多小规模、多样化的供应商链条，引入更多的行业竞争打破现有供应商几家独大的行业供应局面，进而形成一个全新的无线通信产业生态结构。

为了实现 O-RAN 联盟的核心目标，并能够快速达成商业应用，O-RAN 架构设计的原则是建立在 3GPP CU/DU 架构和 ETSI 软件功能虚拟化的基础之上，引入开放接口和开放硬件参考设计（即白盒化硬件），同时利用人工智能优化无线资源控制过程。

基于以上原则，O-RAN 的系统架构相对于 3GPP 5G RAN 系统架构既存在一致性和延续性，同时也存在着较大的差异，介绍如下。

　　一致性和延续性主要体现在，O-RAN 的系统架构是建立在 3GPP 无线接入网架构基础之上的，在无线接入网络业务功能、接口以及流程设计上仍采用 3GPP 标准定义的内容，两者是一致的，比如，3GPP 5G RAN 中的 CU、DU、RU 及 E1、F1、Xn、X2、NG 等接口在 O-RAN 架构中并未发生变化。

　　主要的差异体现在 O-RAN 架构在针对无线网络智能化、无线网络云化、无线网络硬件白盒化、无线网络开放性等所引入的功能、接口、关键技术等方面。

　　3GPP RAN 架构与 O-RAN 架构之间的差异，如图 3-11 所示。

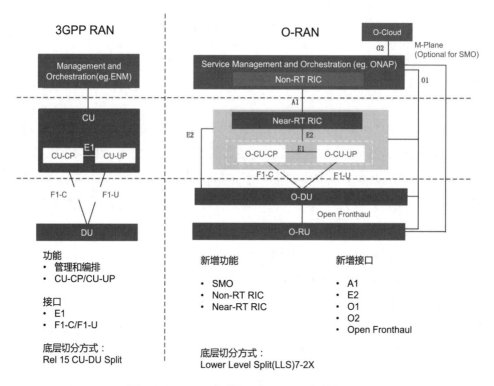

图 3-11　O-RAN 架构和 3GPP RAN 架构的差异

　　下面将分别从功能、接口和物理层切分三个方面对两者的差异进行描述。

1. 功能差异

　　O-RAN 架构功能设计在 3GPP 5G RAN 架构标准功能设计的基础上增加了如下功能：

- O-RAN架构增加了O-Cloud云计算平台，用来承载O-RAN的功能（比如，O-CU-CP、O-CU-UP、O-DU、Near-RT RIC等功能）。

- O-RAN架构以3GPP架构中CU-CP、CU-UP、DU、RU为基础，增加了信息开放功能，3GPP架构中这些功能在O-RAN中分别对应为O-CU-CP、O-CU-UP、O-DU、O-RU。

- O-RAN架构通过Open Fronthaul接口采用3GPP Split Option$_{7-2x}$的切分选项来实现RAN侧数据传输过程中的NR功能分离。

- O-RAN架构在操作维护管理方面增加了服务管理和编排架构（SMO），SMO提供了管理O-Cloud的能力，并为平台和应用程序元素的编排以及工作流管理提供了支持。

- O-RAN架构增加了Near-RT RIC和Non-RT RIC两个智能化控制闭环：Non-RT RIC负责1s以上时延粒度上的智能化控制功能，Near-RT RIC负责10ms~1s时延粒度上的智能化控制功能。

2. 接口差异

O-RAN 架构网元在 3GPP 5G RAN 架构标准接口设计的基础上增加了如下接口：

- O2接口：O-Cloud开放给SMO的云基础设施FCAPS管理接口。

- O1接口：O-Cloud开放给Non-RT RIC的数据收集接口。

- A1接口：Near-RT RIC开放给Non-RT RIC的A1策略下发、数据收集及模型控制下发接口。

- E2接口：E2节点开放给Near-RT RIC的RAN侧数据收集及无线资源控制策略下发接口。

- Open Fronthaul M-Plane接口：O-RU开放给SMO的FCAPS管理接口。

- Open Fronthaul CUS接口：O-RU与O-DU的控制、用户数据、同步接口。

3. 物理层切分

3GPP 为了更好地满足各种场景和应用对带宽、时延等方面的差异化需求，采用了 CU-DU 功能分离的架构。伴随着标准化的不断进展，逐渐形成了目前的 $Option_1$ ~ $Option_8$ 共 8 种 CU-DU 功能切分方式（其中 $Option_3$ 和 $Option_7$ 又细分成了 $Option_{3-1}$~$Option_{3-2}$，以及 $Option_{7-1}$~$Option_{7-3}$），参考 3GPP TR 38.801 标准，如图 3-12 所示。

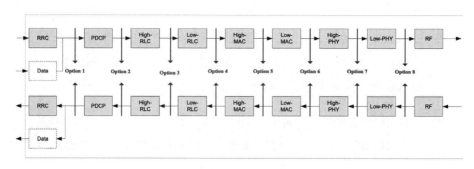

图 3-12　CU/DU 功能切分方式

对于 $Option_1$、$Option_2$、$Option_{3-1}$、$Option_{3-2}$、$Option_5$、$Option_6$、$Option_{7-1}$、$Option_{7-2}$、$Option_{7-3}$、$Option_8$ 这十种 CU-DU 功能切分方式的差异如表 3-1 所示。

表 3-1　不同切分方式的差异

功能编号	$Option_1$	$Option_2$	$Option_{3-2}$	$Option_{3-1}$	$Option_5$	$Option_6$	$Option_{7-3}$	$Option_{7-2}$	$Option_{7-1}$	$Option_8$
是否有基线版本	无	有(LTE双连接)	无							有（CPRI）
话务汇聚	无	有								
AQI位置	DU			CU（在非立项传输条件下可能会更强壮）						
CU资源集中	最低	居中（越往右越高）								最高
	仅RRC	RRC+L2（部分）				RRC+L2	RRC+L2+PHY（部分）			RRC+L2+PHY
传输网络时延要求	宽松				注4	严格				

续表

功能编号	Option$_1$	Option$_2$	Option$_{3-2}$	Option$_{3-1}$	Option$_5$	Option$_6$	Option$_{7-3}$	Option$_{7-2}$	Option$_{7-1}$	Option$_8$
传输网络峰值带宽需求	N/A	最低	居中（越往右越高）							最高
	无 UP 要求	基带 bits							量化的 IQ（f）	量化的 IQ（t）
	—	随 MIMO 层数增加而扩展							随天线端口数扩展	
多小区/频率协调	多个调度器（每个 DU 不独立）				集中调度器（每个 CU 中可共用）					
上行 Rx 增强	注 4						NA	注 4	是	
注释	注 1				注 2/3	注 2	注 2	注 2		

注 1：对 URLLC/MEC 或许有好处。

注 2：由于调度器和物理层处理切分，所以增加了复杂性。

注 3：由于调度器和 HARQ 切分，所以增加了复杂性。

注 4：在研究阶段（SI）未加以明确和澄清。

与 3GPP 定义了底层分离接口的物理层内功能划分类似，O-RAN 联盟也在 3GPP 基础上定义了基于物理层内划分的开放前传接口技术。与 3GPP 的 CU/DU 底层切分方式有所不同的是，O-RAN 开放前传技术的底层切分是指射频单元（O-RU）和分布式单元（O-DU）之间的拆分。

O-RAN 开放前传接口架构对物理层进行切分的主要目的是为了降低 O-DU 与 O-RU 之间前传接口的带宽要求。一般情况下物理层切分越靠近 MAC 层对前传接口带宽的要求越低，物理层越靠近 RF 对前传接口带宽的要求越高。同时 5G 对大带宽、多天线又有较高的要求。因此，在考虑到 O-RU 应尽量简单和降低前传接口带宽要求这两个互相竞争的因素时，O-RAN 联盟最终选择了采用 Option$_{7-2x}$ 的切分方式，即：

- 下行数据处理：在 DL 数据流中，从高层即 MAC 层接收到的用户比特序列经历编码和加扰、调制和层映射以及预编码和资源元素（RE）映射，从而在频域中产生 OFDM 信号的 IQ 采样序列。然后执行 IFFT 处理以在时域中转换 OFDM 信号，最后转换为模拟信号。在此流程中，波束形成在IFFT之前进行。在数字BF的情况下，在模拟BF的情况下经过模拟信号转换。

● 上行数据处理：在上行链路流中，时域中的OFDM信号在O-RU处接收并转换为数字信号馈送到FFT处理，以获得频域中OFDM信号的IQ样本。然后，在RE解映射之后，处理流程继续进行均衡处理、逆离散傅立叶变换（IDFT：Inverse Discrete Fourier Transform）处理和信道估计，并且在解调、解扰和解码之后，该处理将用户比特序列发送到MAC层。

O-RAN 开放前传接口架构如图 3-13 所示。

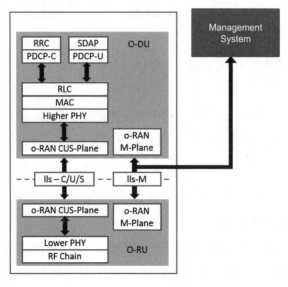

图 3-13　O-RAN 开放前传接口架构

在 O-RAN 架构中基站与射频前传接口是 O-RAN 接口中极为重要的一个接口。基站与射频前传接口切分方式对于 O-RAN 网络业务性能以及部署方式的灵活性都有很大的影响，同时，基站与射频前传接口切分的标准化与开放化也使得厂商之间 O-DU/O-RU 设备互联互操作成为可能。

第4章 非实时无线智能控制器

本章主要介绍非实时无线智能控制器的总体架构设计以及相关接口。结合3.1.1 节和3.1.4 节，介绍 Non-RT RIC 内部功能划分，内、外部之间的服务开放，以及 Non-RT RIC 功能的标准化定义等内容。本章主要包含如下内容：

- Non-RT RIC架构。

- Non-RT RIC框架能力。

- rApp能力。

- A1接口。

- R1接口。

4.1 非实时无线智能控制器架构

本节介绍非实时无线智能控制器的总体架构设计，该架构设计按照功能分成了两个部分：

- Non-RT RIC框架。

- Non-RT RIC第三方应用程序（即rApp）。

4.1.1 Non-RT RIC架构需求

Non-RT RIC（非实时无线智能控制器）是 O-RAN 总体架构（图3-2）中

驻留在 SMO（服务管理与编排框架）内的一个逻辑功能，也是 SMO 框架功能的一个子集，用来实现非实时（1s 以上甚至更长时间）的无线接入网智能化控制环路，支持无线接入网逻辑网元及资源的非实时控制与优化、AI/ML 工作流（包括模型训练和模型更新），并为 Near-RT RIC（近实时无线智能控制器）提供策略指导、策略反馈及模型管理等，同时也可以访问 SMO 框架其他内容，比如 O1、O2 接口上的内容。

Non-RT RIC 的服务化体系架构，如图 4-1 所示。

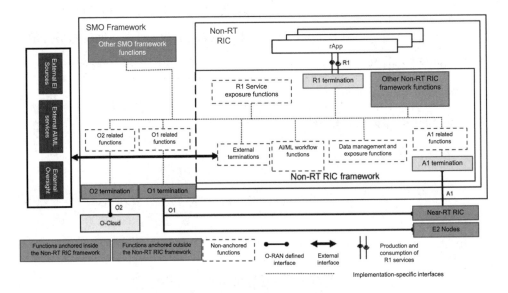

图 4-1　Non-RT RIC 服务化体系架构

如图 4-1 所示，Non-RT RIC 在架构设计中主要包含以下两个子功能。

（1）Non-RT RIC 框架。

- 作为一个逻辑端点通过 A1 接口连接到 Near-RT RIC，用于 Non-RT RIC 向 Near-RT RIC 提供基于智能化的策略指导，支持 Near-RT RIC 的模型训练、模型更新及模型评价。

- 通过 R1 接口向 rApp 开放其运行时所需的 R1 服务集，允许将一个 rApp 在不同 SMO 框架之间进行自由"移植"，这对于不同应用场景及用例的通用性和可移植性来说是有明显好处的，因此 O-RAN 架构定义了 R1 这个开放的标准接口，以允许Non-RT RIC通过R1接口向 rApp公开SMO框架相关功能及服务。

（2）Non-RT RIC 第三方应用程序（rApp）。

● rApp利用Non-RT RIC框架开放功能，提供与无线接入网优化操作相关增值服务，例如，通过A1接口向Near-RT RIC提供策略、AI模型或富集信息，通过O1接口向O-CU/O-DU提供数据收集需求信息，以及提供富集信息给其他rApp使用等。

在 Non-RT RIC 服务化功能架构中，Non-RT RIC 框架需要实现与 xApp 的交互、与 SMO 框架之外的应用服务的交互（比如操作维护控制台界面）、与 E2 节点的交互、与 O-Cloud 的交互以及与 Near-RT RIC 的交互，针对这些交互过程在图 4-1 中设计了 5 个 Termination（即"终端"）服务，这些 Termination 又可分成以下三类。

（1）外部接口终端服务，即 External Termination 服务，负责 Non-RT RIC 框架与 SMO 框架之外的应用服务的消息收发（比如操作维护控制台界面），主要为 Non-RT RIC 提供人机交互接口服务。

（2）O-RAN 定义的接口终端服务，包含以下内容：

● A1 Termination服务：负责Non-RT RIC框架与Near-RT RIC之间的消息收发，主要提供策略配置、模型管理、模型评价等内容的交互接口服务。

● O1 Termination服务：负责Non-RT RIC框架与Near-RT RIC和E2节点之间的消息收发，主要为Non-RT RIC提供Near-RT RIC和E2节点的信息采集接口服务。

● O2 Termination服务：负责Non-RT RIC框架与O-RAN云平台（O-Cloud）之间的消息收发，主要为Non-RT RIC提供O-Cloud的信息采集接口服务。

（3）内部接口终端服务，包含如下内容：

● R1 Termination服务：负责Non-RT RIC框架与rApps之间的消息收发，主

要提供服务注册发现、AI/ML工作流服务、信息采集等接口服务。

● 其他Non-RT RIC内部功能之间互联互通并且基于特定实现的接口服务。

第3章介绍了O-RAN的总体架构，从O-RAN总体架构图（图3-2）中可以看出，Non-RT RIC是与A1接口直接关联的，这样描述的目的是明确说明Non-RT RIC直接负责通过A1接口与Near-RT RIC进行信息交互。亦即Non-RT RIC与Near-RT RIC之间的交互从逻辑上并不需要通过SMO来完成；同时从图3-2中可以看出，Non-RT RIC处于SMO框架内，因此从逻辑上，Non-RT RIC的功能应该由SMO框架本身所提供的通用服务中的子集所提供，同时，在功能可扩展性方面，在Non-RT RIC内部采用模块化的服务来实现功能的可扩展性；并且Non-RT RIC可以访问SMO框架功能，结合Non-RT RIC本身的功能，Non-RT RIC需要能够影响O1接口上承载的数据收集功能，并且SMO也应允许Non-RT RIC基于无线网络资源优化的目的影响O2接口上传输的信息。

为了实现开放性的目标，Non-RT RIC架构设计采用了开放性的设计，即将智能化通用的基础功能及服务放在Non-RT RIC框架中来实现，而将基于行业应用场景或用例的智能化特定功能开放给第三方厂家来实现，在O-RAN架构中使用术语"rApp"来指代此类应用，这种开放性的设计方式同样在Near-RT RIC中得到了体现。

SMO框架需要向Non-RT RIC框架及rApp开放一些相应的服务供其使用。rApp通过R1接口实现与Non-RT RIC框架之间的通信，R1接口为开放性的标准接口，也是rApp与Non-RT RIC框架之间的唯一接口，rApp与SMO框架之间的交互需要通过Non-RT RIC框架提供的服务来实现，Non-RT RIC框架通过A1接口实现与Near-RT RIC之间的通信。

Non-RT RIC框架及rApp可使用的SMO框架开放的服务，如图4-2所示。

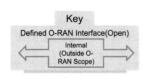

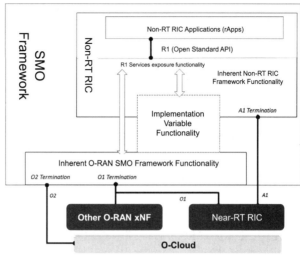

图 4-2　SMO 框架向 Non-RT RIC 及 rApp 开放的服务

O-RAN 联盟从需求角度对 Non-RT RIC 做了如表 4-1 和表 4-2 所示的要求。

表 4-1　Non-RT RIC 功能性要求

功　能　编　号	功　能　介　绍
[REQ-Non-RT RIC-FUN1]	Non-RT RIC 应支持数据检索和分析，数据可能包括性能、配置或与应用程序相关的其他数据（根据用例的不同数据也会不同）
[REQ-Non-RT RIC-FUN2]	Non-RT RIC 应支持基于 [REQ-Non-RT RIC-FUN1] 中的数据（使用于不同的用例）进行 AI/ML 模型训练，以实现 RAN 或者 Near-RT RIC 中配置参数的非实时优化
[REQ-Non-RT RIC-FUN3]	Non-RT RIC 应支持基于 [REQ-Non-RT RIC-FUN1] 中的数据（使用于不同的用例）进行 AI/ML 模型训练，以生成 / 优化策略，并指导 Near-RT RIC 或者 RAN 中应用程序的行为
[REQ-Non-RT RIC-FUN4]	Non-RT RIC 应支持基于 [REQ-Non-RT RIC-FUN1] 中的数据（使用于不同的用例）进行 AI/ML 模型训练，该数据将根据应用程序的要求在 Near-RT RIC 中部署 / 更新
[REQ-Non-RT RIC-FUN5]	Non-RT RIC 应支持性能监控和评估
[REQ-Non-RT RIC-FUN6]	Non-RT RIC 应支持回退机制，以防止性能急剧下降 / 波动，比如回退到之前的策略 / 配置
[REQ-Non-RT RIC-FUN7]	Non-RT RIC 应能够通过数据分析产生富集信息
[REQ-Non-RT RIC-FUN8]	Non-RT RIC 应能够基于不同的用例请求 O1 重新配置，以对 E2 节点和 / 或 Near-RT RIC 的配置参数进行非实时优化
[REQ-Non-RT RIC-FUN9]	Non-RT RIC 应支持检索适用于用例的外部信息

表 4-2　Non-RT RIC 非功能性要求

功能编号	功能介绍
[REQ-Non-RT RIC-NON-FUN1]	对于给定的 Near-RT RIC 或 RAN 功能，Non-RT RIC 更新统一策略或配置参数的频率不能超过每秒一次
[REQ-Non-RT RIC-NON-FUN2]	Non-RT RIC 应支持更新多个 Near-RT RIC 中的策略

4.1.2　Non-RT RIC框架的服务化功能和接口

4.1.1 节介绍了非实时 RAN 智能控制器（Non-RT RIC）在逻辑上分成 Non-RT RIC 框架和 Non-RT RIC 第三方应用程序（rApp）两部分，本节主要介绍 Non-RT RIC（非实时 RAN 智能控制器）中 Non-RT RIC 框架的服务化功能和接口。

服务是一组相互关联的功能，由服务生产者向服务消费者提供，一个服务可以由具有共同目的的多个功能组成，并且可以相互依赖，服务通常包括生产者和消费者，并且一般由服务生产者产生，由服务消费者通过服务终端（Termination）进行消费（通常是通过 API 进行），多个服务应该避免或者最小化相互之间的耦合度。

从图 4-1 中可以看出，在 Non-RT RIC 的服务化体系架构中，可将 Non-RT RIC 功能服务划分成三类：

● 锚定在Non-RT RIC框架内部的功能，即在Non-RT RIC框架内部进行实现，以完成Non-RT RIC架构定义的相关功能，通常也被视为Non-RT RIC框架的"固有"功能，例如：R1终端、A1终端以及其他Non-RT RIC框架功能等。

● 锚定在Non-RT RIC框架外部的功能，主要由Non-RT RIC框架外的SMO框架功能实现，并为Non-RT RIC框架的运行提供支持的功能，通常也被视为SMO框架的"固有"功能，例如，O1&O2终端、其他SMO框架功能，等等。

● 非锚定的功能：O1&O2相关功能，外部终端功能（"EI终端""外部AI/ML终端""人机接口终端"等），R1服务开放功能、AI/ML工作流功能（"AI/ML模型管理功能""AI/ML数据预处理功能""AI/ML建模/训练功能""ML模型库"等）、数据管理与开放功能、A1相关的功能，等等。

这些分类是从逻辑上对 Non-RT RIC 功能边界进行了划分，对于实施过程可以起到指导作用，但是这些逻辑功能的划分并不是强制性的，供应商实施过程可以根据实际情况有不同的实施方法。

O-RAN 联盟从需求角度对 Non-RT RIC 框架做了如表 4-3 所示的要求。

表 4-3　Non-RT RIC 框架功能要求

功 能 编 号	功 能 介 绍
[REQ-NRTFWK-FUN1]	Non-RT RIC 框架应支持在 Non-RT RIC 和 SMO 中注册服务及其服务生产者的功能
[REQ-NRTFWK-FUN2]	Non-RT RIC 框架应支持允许服务使用者发现服务的功能
[REQ-NRTFWK-FUN3]	Non-RT RIC 框架应支持允许服务消费者订阅/取消订阅有关新注册/更新/注销服务的通知的功能
[REQ-NRTFWK-FUN4]	Non-RT RIC 框架应支持通知订阅服务消费者新注册/更新/注销服务的功能
[REQ-NRTFWK-FUN5]	Non-RT RIC 框架应支持认证服务消费者的功能
[REQ-NRTFWK-FUN6]	Non-RT RIC 框架应支持授权服务消费者访问服务的功能
[REQ-NRTFWK-FUN7]	Non-RT RIC 框架应支持通过 A1 接口向 Near-RT RIC 发送消息和从 Near-RT RIC 接收消息的功能
[REQ-NRTFWK-FUN8]	Non-RT RIC 框架应支持允许数据消费者（包括 rApps）注册其使用的数据类型的功能，如果 SMO 框架不支持此功能
[REQ-NRTFWK-FUN9]	Non-RT RIC 框架应支持允许数据生产者（包括 rApps）注册其产生的数据类型的功能，如果 SMO 框架不支持此功能
[REQ-NRTFWK-FUN10]	Non-RT RIC 框架应支持允许数据消费者（包括 rApps）订阅/请求已注册数据类型的功能，如果 SMO 框架不支持此功能
[REQ-NRTFWK-FUN11]	Non-RT RIC 框架应支持 AI/ML 模型训练功能，如果 SMO 框架不支持此功能
[REQ-NRTFWK-FUN12]	Non-RT RIC 框架应支持允许服务消费者存储和检索经过训练的 AI/ML 模型的功能，如果 SMO 框架不支持此功能
[REQ-NRTFWK-FUN13]	Non-RT RIC 框架应支持在运行时监控已部署 AI/ML 模型性能的功能，如果 SMO 框架不支持此功能
[REQ-NRTFWK-FUN14]	Non-RT RIC 框架可以支持从外部富集信息源收集外部富集信息的功能
[REQ-NRTFWK-FUN15]	Non-RT RIC 框架可以支持从外部 AI/ML 服务提供商检索经过训练的 ML 模型（和元数据）的功能
[REQ-NRTFWK-FUN16]	Non-RT RIC 框架可以支持允许外部源注入 RAN 意图、暂停/恢复/检查 rApps，以及配置/检查/启动/暂停/恢复/终止 AI/ML 训练过程的功能

4.1.3 rApp能力

rApp（即 Non-RT RIC 应用程序）是模块化的应用程序，是可定制化的，可以开放给不同的供应商。rApp 的服务范围包括但不限于无线资源管理、数据分析、提供富集信息等。通常情况下 rApp 是为典型的应用场景和用例提供服务的，可利用 SMO 框架和 Non-RT RIC 框架开放的功能来提供与智能 RAN 优化和操作相关的增值服务。此类增值服务包括：

- 通过A1接口提供基于策略的指导和富集信息。

- 执行数据分析、AI/ML训练和推理，用于RAN优化或供其他rApps使用。

- 通过O1接口推荐配置管理操作。

除了以上增值服务之外，rApp 需要支持通用管理服务，比如 rApp 也需要能够支持 SMO 框架对其进行的安装、部署、更新等操作，同时也需要支持 SMO 框架对其进行 FCAPS 管理。

rApp 需支持通过开放的标准 R1 接口与 Non-RT RIC 框架进行交互，通过 R1 接口，rApp 即要作为服务生产者向 Non-RT RIC 框架提供服务，也要作为服务消费者从 Non-RT RIC 框架获取服务。以数据管理开放为例，rApp 作为数据生产者向 SMO 框架 /Non-RT RIC 框架提供数据管理信息（比如数据采集内容、采集方式、采集周期、上报方式等），SMO 框架 /Non-RT RIC 框架根据这些数据管理信息向数据生产者（比如 E2 节点）采集数据，并将数据开放给数据消费者即 rApp，供 rApp 使用。具体的 R1 接口及相关服务介绍可参考 4.5 节。

4.2 Non-RT RIC 基础功能

本节主要介绍 Non-RT RIC 框架能力，结合 4.1.1 节，Non-RT RIC 框架能力主要包括以下几个方面：

- 数据管理与开放。

- 策略管理。

- rApp管理。

- AI/ML支持。

- 终端服务。

4.2.1　数据管理与开放

Non-RT RIC 框架的数据管理和开放服务通常包含如下内容：

- 数据注册：数据生产者报告关于他们能够产生的数据类型信息。

- 数据发现：数据消费者在SMO/Non-RT RIC框架中发现可用的数据类型。但有个前提，数据消费者需要获得数据类型信息发现相关的授权。

- 数据订阅：数据消费者可以通过使用订阅/通知过程来获取数据以供其使用。

- 数据请求：数据消费者可以通过使用请求/响应过程来获取数据以供其使用。

- 数据收集：SMO/Non-RT RIC框架从数据生产者收集其生成的数据。

- 数据交付：SMO/Non-RT RIC框架向数据消费者交付数据以供其使用。

- 数据处理[可选]：服务消费者可以访问SMO/Non-RT RIC框架中的数据处理。

数据生产者在数据注册中告知有关其产生的数据类型的信息。数据生产者可以告知授权数据消费者发现注册数据类型和访问生成数据相关的约束。数据生产者传达有关 SMO/Non-RT RIC 框架如何收集数据的信息（例如，收集周期、事件触发条件、推送或拉取等）。

数据消费者（例如：rApp）告知他们想要发现的数据类型信息。数据消费者从 SMO/Non-RT RIC 框架订阅 / 请求数据，包含特定的数据类型、周期、交付（或报告）方法、范围等。交付（或报告）方法包含如何从 SMO/Non-RT RIC 框架交付订阅 / 请求的数据的信息（例如，交付周期、事件触发条件、推送或拉取等）。

SMO/Non-RT RIC 框架收集数据生产者产生的数据，并将收集到的数据交付给数据消费者以供其使用。与此同时 SMO/Non-RT RIC 框架可以选择性地处理收集和 / 或存储的数据（例如，量化、归一化、打标签、数据匹配等）。

4.2.2　策略管理

对于 Non-RT RIC 来说策略管理一般指 A1 策略管理，A1 策略即为网络性能及服务提供优化的策略。A1 策略的定义、管理以及下发由 Non-RT RIC 负责，但 A1 策略的具体实施需要由 Near-RT RIC 来完成。

● 该服务用于在Near-RT RIC中创建、更新和删除A1策略。

● 该服务用于查询Near-RT RIC中A1策略的存在、内容和运行时状态。

● 该服务支持从Near-RT RIC到Non-RT RIC的A1策略反馈。

由于 Near-RT RIC 无法更改策略内容，因此只能向 Non-RT RIC 通知执行状态的更改，如果上下文的更改导致策略的执行状态发生了更改，则会通知 Non-RT RIC，并有可能决定删除该策略；关于 Near-RT RIC 中 A1 政策执行情况的反馈不会通过 A1 接口传输。Non-RT RIC 需要基于 O1 接口提供的观测值来评估 A1 策略的执行情况；在创建 A1 策略前后，Non-RT RIC 需要对网络进行监测，以了解 A1 策略对网络性能产生的影响，但性能监测或跟踪不通过 A1 接口处理。

4.2.3　rApp管理

rApp 作为开放给第三方的增值服务应用程序，通过 R1 接口接入 Non-RT RIC，因此 Non-RT RIC 框架需要为 rApp 提供 rApp 管理相关的服务，主要包括接入、心跳、注册 / 解注册、认证鉴权、R1 接口服务发现以及 rApp 冲突调节等。此外需要注意的是，rApp 的编排服务并非 rApp 管理服务的一部分，而是 SMO 框架的一部分。

4.2.4　AI/ML支持

Non-RT RIC 对 AI/ML 的支持服务主要包括以下两个方面：

- AI/ML监控：可以为Non-RT RIC中的AI/ML模型提供在线监控。例如，它可以采用基于约定的策略对AI/ML模型进行实时监控，以支持多供应商场景中不同类型的AI/ML算法。

- AI/ML工作流支持：AI/ML模型管理和存储、AI/ML数据准备、AI/ML建模/训练等。AI/ML工作流功能是可变性功能，可以在Non-RT RIC框架内部、Non-RT RIC框架外部但在SMO内部，甚至在SMO外部进行灵活部署。

4.2.5　终端服务

Non-RT RIC 可提供对外接口终端的服务，主要包括：

- A1逻辑终端服务：为Non-RT RIC提供与Near-RT RIC在 A1接口上信息交互的服务。

- R1逻辑终端服务：为Non-RT RIC提供与rApp在 R1接口上信息交互的服务。

- 人机终端服务：为Non-RT RIC提供管理人员RAN意图输入的服务。

- 外部EI终端：外部EI终端连接到外部EI源，为Non-RT RIC应用导入富集信息。

- 外部AI/ML终端：Non-RT RIC通过外部AI/ML终端连接到外部AI/ML服务器，以获取导入的ML模型。

4.3 rApp 基础功能

本节主要介绍 Non-RT RIC 的基础功能，结合 4.1.1 节，Non-RT RIC 的基础功能主要包括以下两个方面：

● 集成服务。

● AI/ML支持。

4.3.1 rApp集成服务

rApp 通过 R1 接口与 Non-RT RIC 框架协作，借助 Non-RT RIC 框架提供的能力来实现各种特定应用场景下对无线网络的非实时优化，rApp 集成服务相关功能包括：

● rApp支持向SMO/Non-RT RIC框架发起注册，并对其开放自身能力信息。

● rApp支持向SMO/Non-RT RIC框架发起认证、鉴权等服务请求。

● rApp支持向SMO提供FCAPS服务。

4.3.2 AI/ML支持

rApp 对 AI/ML 的支持包括：

● 根据用例需求能够支持从SMO/Non-RT RIC框架订阅/请求网络数据。

● 对所采集数据执行数据处理和分析，执行AI/ML模型训练和优化，为RAN优化配置或其他rApps提供分析服务。

● 通过A1接口为Near-RT RIC提供智能化策略。

● 为O1接口的配置管理操作提供智能化建议。

4.4　A1 接口

在 O-RAN 的体系结构中，A1 接口是指 Non-RT RIC 与 Near-RT RIC 之间的接口，A1 接口属于开放的逻辑接口，支持多供应商环境，可扩展，为策略管理信息传输、模型管理信息传输、策略反馈、数据传输等提供了通道。

A1 接口的目的是使 Non-RT RIC 功能能够向 Near-RT RIC 功能提供基于策略的指导、ML 模型管理和富集信息，以便 RAN 能够在特定条件下优化 RRM 等。A1 接口所提供的服务主要包括了三个方面的内容：

- A1 策略管理服务。

- A1 富集信息服务。

- A1 机器学习模型管理服务。

通常在业务层面，SMO 收集并转译用户意图信息，形成智能化策略，并由 Non-RT RIC 通过 A1 接口下发给 Near-RT RIC，Near-RT RIC 根据该智能化策略，去收集 O-RAN 内部信息源的信息，以及外部信息源的增强信息，通过这些信息生成相应的网络优化策略或者将控制命令下发至 E2 Nodes。E2 Nodes 指的是无线接入网节点，比如 O-CU-CP、O-CU-UP、O-DU 及 O-eNB 等。

A1 接口在 O-RAN 的体系结构中的位置及其他相关接口如图 4-3 所示。

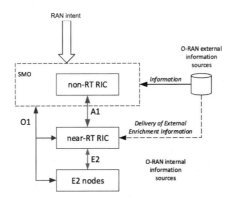

图 4-3　O-RAN 体系结构中的 A1 接口及其他相关接口

基于服务的框架一般用来描述服务消费者和服务生产者之间的交互，其中服务请求从消费者发出，响应和通知从生产者发出。生产者按照消费者的要求执行相应的资源操作。

A1 接口的服务化架构如图4-4所示。

需要注意，消费者和生产者的描述并非指的是 A1 接口上的数据传输方向。

从数据或信令传输的角度，接口的目的在于相互之间交换信息，通信协议为交互双方共同使用的"语言"，也就是接口协议栈，A1 接口在传输网络层采用了TCP。为了可靠地传输消息，在 TCP 之上使用了 HTTPS。应用层协议基于 RESTful 方法，传输 JSON 格式的策略语句。

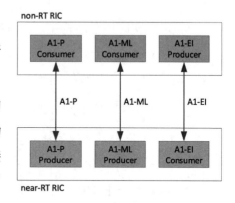

图 4-4　A1 接口的服务化架构

A1 接口协议栈，如图 4-5 所示。

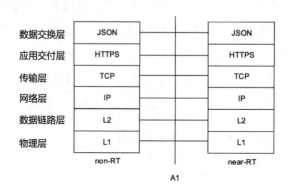

图 4-5　A1 接口协议栈

O-RAN 联盟从需求角度对 A1 接口做了要求，见表 4-4。

表 4-4　A1 接口功能要求

功 能 编 号	功 能 介 绍
[REQ-A1-FUN1]	A1 接口应支持从 Non-RT RIC 到 Near-RT RIC 的策略通信
[REQ-A1-FUN2]	A1 接口应支持 AI/ML 模型部署和从 Non-RT RIC 到 Near-RT RIC 的更新
[REQ-A1-FUN3]	A1 接口应支持从 Non-RT RIC 到 Near-RT RIC 的富集信息通信

续表

功 能 编 号	功 能 介 绍
[REQ-A1-FUN4]	A1 接口应支持来自 Near-RT RIC 的反馈，以监控 AI/ML 模型性能
[REQ-A1-FUN5]	A1 接口应支持从 Near-RT RIC 到 Non-RT RIC 的策略反馈

4.4.1　A1-P服务信息

基于在 RAN 意图中表示的系统的高级目标，以及在 O1 上提供的可观察对象（事件和计数器），Non-RT RIC 定义了通过 A1 接口提供给 Near-RT RIC 的策略，即 A1 策略（A1-P）。A1 策略的目的是引导 RAN 性能达到 RAN 意图中表达的总体目标。A1 策略是声明性策略，包含策略目标和策略资源的声明（比如策略适用的 UE 和小区等）。

Non-RT RIC 基于 A1 策略反馈以及 O1 上的可观测性来管理 A1 策略。Non-RT RIC 通过 O1 上的可观测性来持续评估 A1 策略对实现 RAN 意图的影响，并将根据内部条件决定发布 / 更新 A1 政策中表达的目标。

Near-RT RIC 通过其内部功能或应用程序（如 ML 模型）、基于 O1 接收到的配置和通过 A1 接收到的策略来运行。Near-RT RIC 重启后 A1 策略失效。

举个例子：来自 BSS（Business support system，业务支撑系统）的用户服务质量保证意图信息（例如 SLA），通过 Non-RT RIC 框架功能进行转译形成 A1 策略并下发至 Near-RT RIC，同时，通过 A1 策略反馈以及 O1 上的可观测性判断是否已实现该 SLA 意图，并对 A1 策略进行更新或优化。

A1 策略相关的流程主要包括：

● 查询策略类型流程。

● 创建策略流程。

● 查询策略流程。

● 更新策略流程。

● 删除策略流程。

● 查询策略状态流程。

● 策略反馈流程。

A1 策略生命周期及策略执行状态转换过程，如图 4-6 所示。

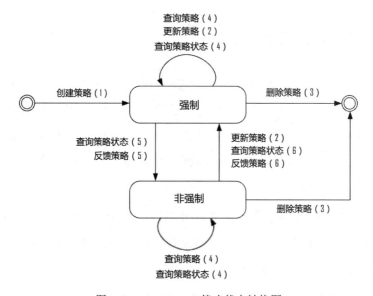

图 4-6   Non-RT RIC 策略状态转换图

图 4-6 中的状态转换描述了 Non-RT RIC 策略生命周期中策略实例状态转移的视图。所有状态转换均与 A1 策略相关流程相关。

（1）在验证策略并认为可以强制执行该策略后，将接受创建策略请求。

（2）更新策略请求在策略经过验证并被认为可以强制执行后被接受，它不会导致状态转换。

（3）无论 Near-RT RIC 是否接受删除策略请求，都会导致 Non-RT RIC 将该策略视为已删除。

（4）如果强制状态未更改，则查询策略及查询策略状态请求不会导致状态转换。

（5）如果强制状态从"强制"更改为"非强制"，查询策略请求或反馈策略将导致状态转换。

（6）如果强制状态从"非强制"更改为"强制"，查询策略请求或反馈策略将导致状态转换。

4.4.2 A1-EI服务信息

富集信息（EI）一般定义为提供给实体的信息之外的一些信息。它可以基于来自一个或多个来源的信息产生，例如，为了增强任务的性能，通过中继、组合、细化或分析等方式对输入来源的信息进行处理之后产生的信息。

在 O-RAN 体系结构中，信息源被分成"O-RAN 内部信息源"和"O-RAN 外部信息源"。"O-RAN 内部信息源"是指 O-RAN 体系结构中可产生直接或者间接标识网络或网络服务状态信息逻辑单元，一般指来自 E2 节点或者相应 O-Cloud 云基础设施，而"O-RAN 外部信息源"一般指 O-RAN 体系结构之外可产生间接标识网络或网络服务状态信息的应用或服务节点，一般指可产生有益数据的第三方应用，如 O-RAN 体系结构中的 A1 及相关接口。

SMO 从 O-RAN 内部和外部信息源收集信息，基于此信息，Non-RT RIC 可以获得对 Non-RT RIC 和 Near-RT RIC 内部功能或应用程序（例如 ML 模型）都有益的富集信息，以提高其性能。

关于 A1 接口，区分了两种类型的富集信息（EI）：

● A1富集信息：由Non-RT RIC通过A1接口向Near-RT RIC提供的信息。

● 外部富集信息：由O-RAN外部信息源通过与Near-RT RIC直接安全连接提供的信息。

A1 接口用于发现、请求和交付 A1 富集信息。Non-RT RIC 负责验证信息源和直接连接的安全性。

EI 相关的流程主要包括：

（1）EI 发现流程。

● 查询EI标识。

● 查询EI类型。

（2）EI 任务控制流程：

- 查询EI任务标识。

- 创建EI任务。

- 查询EI任务。

- 删除EI任务。

- 查询EI任务状态流程。

- 指示EI任务状态流程。

4.4.3　A1-ML服务信息

A1-ML 服务是 A1 接口上的机器学习模型管理服务，在 O-RAN 系统的服务化架构中，模型根据目的及使用者的不同分为了两种：

- 由Non-RT RIC使用的ML模型：该类模型在SMO层内部功能模块进行训练，由Non-RT RIC使用，训练数据主要是RAN性能、状态等信息，从O1接口获取，目的是优化RAN监控和策略指导。

- 由Near-RT RIC使用的ML模型：该类模型在SMO层内部功能模块进行训练，由Near-RT RIC使用，训练数据与Near-RT RIC推理的输入数据相同，目的是由Near-RT RIC基于A1策略对RAN进行细粒度调优。

A1-ML 服务主要是为 Near-RT RIC 提供机器学习模型的管理服务，一般包括模型下载、模型更新等过程。与此同时，A1-ML 相关的 A1 接口标准目前在各个厂家之间尚未达成统一，属于进一步研究的内容。

4.5　R1 接口

R1 接口是 rApp 与 Non-RT RIC 框架之间的接口，通过该接口可以生成和使用 R1 服务。R1 接口服务如图 4-7 所示。

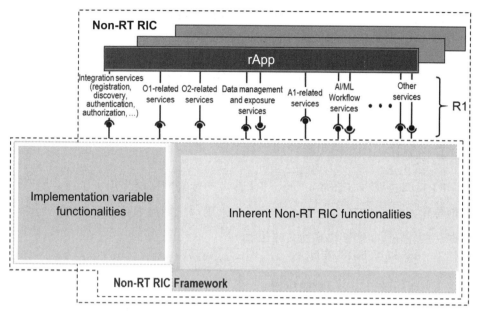

图 4-7　rApp 与 Non-RT RIC 框架服务接口

从 Non-RT RIC 服务化体系架构图（图 4-1）中，可以看到 Non-RT RIC 由 Non-RT RIC 框架和 Non-RT RIC 应用程序（rApps）组成，这两个功能层通过 R1 服务接口为彼此提供服务，这些服务包括：

● 集成服务，包括部署引导服务（服务注册、服务发现、身份认证、服务授权等）、心跳保持服务等（rApp为服务消费者，Non-RT RIC为服务提供者）。

● 数据管理和开放服务，根据数据消费者的需求，将数据生产者产生的数据进行收集并交付给数据消费者，包括数据存储和发现服务、数据请求和订阅服务、数据投递服务等（rApp和Non-RT RIC互为生产者和消费者）。

● O1相关服务，提供对O1接口相关功能的访问，主要为网络信息服务、故障管理（FM）服务、性能管理（PM）服务等（rApp和Non-RT RIC互为生产者和消费者）。

● O2相关服务，提供对O2接口相关功能的访问，主要为O2基础设施管理服务（rApp和Non-RT RIC互为生产者和消费者）。

● A1相关服务，提供对A1接口相关功能的访问，主要为A1策略管理服务（rApp为服务消费者，Non-RT RIC为服务提供者）。

● AI/ML工作流服务，主要包括AI/ML模型管理功能、AI/ML数据预处理功能、AI/ML建模/训练功能、ML模型库等服务（rApp和Non-RT RIC互为生产者和消费者）。

● 其他服务。

R1 接口协议栈如图 4-8 所示。R1 接口的传输网络层采用了 TCP。为了可靠地传输消息，在 TCP 之上使用了 TLS 来确保应用层 HTTP 连接的安全性。数据交换层采用 JSON 格式的文件传输。

数据交换层	JSON
应用层	HTTP
安全层	TLS
传输层	TCP
网络层	IP
数据链路层	Data Link Layer
物理层	Physical Layer

图 4-8 R1 接口协议栈

O-RAN 联盟从需求角度对 R1 接口做了要求，见表 4-5。

表 4-5 R1 接口功能要求

功能编号	功能介绍
[REQ-R1-FUN1]	R1 接口应支持服务注册
[REQ-R1-FUN2]	R1 接口应支持注册服务的发现
[REQ-R1-FUN3]	R1 接口应支持 rApps 的鉴权
[REQ-R1-FUN4]	R1 接口应支持服务请求的授权
[REQ-R1-FUN5]	R1 接口应支持添加 / 更新 / 删除注册服务的通知订阅和取消订阅
[REQ-R1-FUN6]	R1 接口应支持数据类型的注册

续表

功 能 编 号	功 能 介 绍
[REQ-R1-FUN7]	R1 接口应支持数据类型的订阅
[REQ-R1-FUN8]	R1 接口应支持 A1 相关的服务
[REQ-R1-FUN9]	R1 接口应支持 O1 相关的服务
[REQ-R1-FUN10]	R1 接口应支持 O2 相关的服务
[REQ-R1-FUN11]	R1 接口应支持 AI/ML 工作流服务

第5章 近实时无线智能控制器

5.1 近实时无线智能控制器架构

近实时无线智能控制器（Near-Realtime RAN Intelligent Contro ller，Near-RT RIC）由多个应用层 xApp 和一组用于支持 xApp 实现特定应用场景的平台功能组成，本节将阐述系统各组成部分的主要功能。

5.1.1 Near-RT RIC架构需求

Near-RT RIC 架构需求适用于近实时无线智能控制器的体系结构要求。架构需求源自要支持的用例，并定义了体系结构要满足的功能需求。本书中的初始需求集来自 O-RAN 服务提供的用例，详见表 5-1。未来体系结构可能会增加更多的需求。

表 5-1　近实时 RIC 体系结构功能性需求

需　　求	说　　明	适用 RIC 服务
[REQ-Near-RT-RIC-TS-FUN1]	近实时 RIC 能够使用与 Traffic Steering 相关的 A1 策略来决定和执行相应的 E2 动作	
[REQ-Near-RT-RIC-TS-FUN2]	近实时 RIC 能够使用与 Traffic Steering 相关的 A1 扩充信息来决定和执行相应的 E2 动作	
[REQ-E2-TS-FUN1]	E2 应支持通过 E2 检索通过 REPORT 读取或接收的内容	REPORT
[REQ-E2-TS-FUN2]	E2 应支持小区 /SSB 区域或切片相关测量值的配置和检索	REPORT

需　　求	说　　明	适用 RIC 服务
[REQ-E2-TS-FUN3]	E2 应支持单个 UE 或 UE 组的用户平面测量值的配置和检索	REPORT
[REQ-E2-TS-FUN4]	E2 应支持单个 UE 上报的 L1/L2/L3 测量值的配置和检索	REPORT
[REQ-E2-TS-FUN5]	E2 应支持控制 E2 节点中 EN-DC/MR-DC 功能	INSERT/CONTROL/POLICY/REPORT
[REQ-E2-TS-FUN6]	E2 应支持控制 E2 节点中的切换功能	INSERT/CONTROL/POLICY/REPORT
[REQ-E2-TS-FUN7]	E2 应支持控制 E2 节点中的载波聚合功能	INSERT/CONTROL/POLICY/REPORT
[REQ-E2-TS-FUN8]	E2 应支持控制 E2 节点中空闲模式的移动功能	INSERT/CONTROL/POLICY/REPORT
[REQ-E2-TS-FUN9]	E2 应支持获取 UE 级信息数据	
[REQ-E2-TS-FUN10]	E2 应支持配置和检索由单个 UE 上报的与 UE 位置、速度相关的测量值	REPORT
[REQ-E2-QoS-FUN1]	E2 应支持从 E2 节点检索 UE 上下文相关信息	REPORT
[REQ-E2-QoS-FUN2]	E2 应支持从 E2 节点检索各种 UE 级、小区级的测量信息	REPORT
[REQ-E2-QoS-FUN3]	E2 应支持控制 E2 节点中无线承载相关的功能	POLICY/CONTROL
[REQ-E2-QoS-FUN4]	E2 应支持控制 E2 节点中的资源分配相关的功能	POLICY/CONTROL
[REQ-E2-QoS-FUN5]	E2 应支持控制 E2 节点中无线接入相关的功能	POLICY/CONTROL
[REQ-E2-QoS-FUN6]	E2 应支持控制 E2 节点中移动性管理相关的功能	POLICY/CONTROL

5.1.2　Near-RT RIC功能

基于架构需求，为支持 xApp 的轻量级应用实现，近实时无线智能控制器应具备如下功能。

（1）数据库及 SDL 服务：允许读、写 RAN/UE 以及其他信息，用于支持特定场景。

（2）xApp 订阅管理：合并不同 xApp 的订阅请求，并为 xApp 提供统一的数据分发能力。

（3）冲突调解：协调多个 xApp 存在潜在重叠或冲突的控制请求。

（4）消息总线（消息路由）：实现近实时 RIC 内部功能间的消息路由交互。

（5）安全性：为 xApp 提供安全机制。

（6）管理服务：

● 包括故障管理、配置管理和性能管理，为SMO的相关服务提供支撑。

● xApp的全生命周期管理。

● 捕获、监控和收集近实时RIC内部状态相关的日志、跟踪和指标采集，并可以传输到外部系统做进一步评估。

（7）接口服务：

● E2接口服务，对接E2节点的E2接口。

● A1接口服务，对接非实时RIC的A1接口。

● O1接口服务，对接SMO的O1接口。

（8）xApps 提供的功能：允许在近实时 RIC 上执行，并通过 E2 接口将功能结果发送到 E2 节点。

（9）API 管理服务：支持与近实时 RICAPI 管理相关的功能（API 仓库 / 注册、身份认证、接口发现、一般事件订阅等）。

（10）支持 AI/ML：xApp 数据流水线管理、模型的训练和性能监控。

（11）xApp 仓储功能：

● 根据A1策略类型和运营商策略，选择用于A1消息路由的xApp。

● 基于运营商策略，对xApp的A1-EI类型进行访问控制。

● xApp的生命周期管理由SMO和O-Cloud执行。

近实时无线智能控制内部架构如图 5-1 所示。

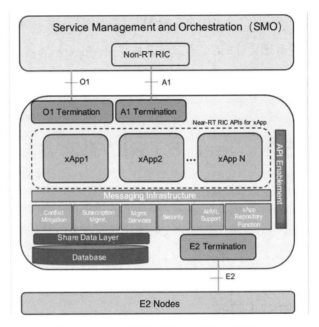

图 5-1　近实时无线智能控制器内部架构

5.1.3　xApp能力

xApp 与近实时 RIC 平台协作，借助近实时 RIC 平台提供的能力来支持各种特定的应用场景。xApp 一旦注册到近实时 RIC 平台，就需要告知近实时 RIC 平台该 xApp 的 OAM 和控制信息，以启用 xApp 的相关功能。

xApp 需要具备如下能力：

● xApp可增强近实时RIC的RRM功能。

● xApp可与零个、一个或多个E2SM相关联。

● xApp通过近实时RIC平台的API，使用与其关联的E2SM的信息元素。

● 与给定E2SM关联的xApp能够与任何支持该E2SM的E2节点对接，而无须任何其他xApp的协助。

● xApp能够接收由RAN以及随时间变化的网络状态的事件触发的信息。

● xApp能够向近实时RIC平台提供收集的日志、跟踪和性能指标信息。

- xApp能够通过近实时RIC平台的API与近实时RIC平台进行通信。

- xApp能够向近实时RIC平台注册其提供的API服务。

- xApp能够去发现所需要使用的近实时RIC平台提供的API。

5.2 Near-RT RIC 基础功能

本节将详细阐述近实时 RIC 平台为 xApp 开放的数据库、订阅管理、冲突调解等一系列内部能力，用于第三方 xApp 从近实时 RIC 平台获取静态以及动态数据，针对特定场景做决策分析，指导 RAN 侧的资源控制调整。

5.2.1 数据库与SDL服务

数据库用于存储和管理用户级、无线网络级的运行数据。

（1）用户数据库 UE-NIB。

在特定场景下，近实时 RIC 和部分 xApp 会产生并访问存储在 UE-NIB 数据库中的用户终端相关的数据。

UE-NIB 需要维护用户终端及相关数据的列表，跟踪用户终端标识与关联的 E2 节点。

（2）无线网络数据库 R-NIB。

在特定场景下，近实时 RIC 和部分 xApp 会产生并访问存储在 R-NIB 数据库中的与无线网络相关的数据。

R-NIB 存储会连接 E2 节点的配置和最新的网络信息，以及它们间的映射关系。

（3）SDL 服务。

xApp 通过 SDL（Shared Data Layer）服务订阅数据库通知服务，并读、写、修改存储在数据库中的信息。通过 SDL 服务开放 UE-NIB、R-NIB 以及其他特定用例的信息。

5.2.2　xApp订阅管理

xApp 订阅管理服务管理 xApp 对 E2 节点的订阅，并通过必要的策略授权控制 xApp 对数据的访问。

为减轻 E2 节点的工作负担，支持将不同 xApp 对同一个 E2 节点的相同订阅合并为单个订阅。

5.2.3　冲突调解

近实时 RIC 系统中，冲突调解服务用于处理不同 xApp 之间的相互冲突。xApp 为了优化某个业务指标，会调整一个或多个无线参数。xApp 优化的目标可进行选择或配置，因而会导致不同 xApp 之间的调整策略产生冲突，有必要通过冲突调解机制缓解不同 xApp 之间的冲突。

无线资源管理控制的目标可以是一个小区、一个用户终端、一路承载等大小不同的作用范围。无线资源管理控制的内容可涵盖访问控制、承载控制、切换控制、QoS 控制、资源分配等多个方面。控制的时间跨度表示控制请求预期的有效控制持续时长。

xApp 间的冲突主要分为三种类型。

（1）直接冲突。冲突调解机制容易识别直接冲突，比如以下情况：

- 两个或多个xApp请求对同一个控制目标的一个或多个参数的相同配置的不同设置。冲突调解机制处理这些请求时，能明确给出一个最终的调解方案。

- xApp新的请求可能与该xApp或者另一个xApp之前已经在执行的请求产生冲突。

● 不同xApp请求的资源总数超过RAN侧系统容量，比如，两个不同的xApp需要的资源总数远超RAN系统的资源限制。

（2）间接冲突。间接冲突无法直接观察识别，但可分析出这些xApp目标参数和资源间的一些关联关系，冲突调解机制能预见可能的冲突并采取调解措施。

不同的xApp针对不同的配置参数，根据各自的目标优化同一指标。即使这样也不会产生参数设置的冲突，却可能造成无法控制或无意的系统影响。

一个xApp更改参数对系统产生的影响，与另一个xApp更改其他参数产生的影响等同。比如，天线倾斜和测量偏移是不同的控制点，但它们都会影响切换边界。

（3）隐性冲突。隐性冲突无法直接观察识别，且xApp间的依赖关系也不明显。

多个xApp调整不同的配置参数，用于优化不同的指标，但一个xApp优化的某一个指标可能会对另一个xApp优化的指标产生隐性的、不需要的甚至具有反向的作用。比如，保证GBR类用户的吞吐量指标，可能会降低非GBR类用户的吞吐量指标，甚至会降低小区的整体吞吐量。

为了减轻这些冲突，可以采取以下方法：

（1）直接冲突可以在变更执行前进行调解，由冲突调解模块最终决定是否进行指定的变更，或者决定按何种顺序进行变更。

（2）间接冲突可以通过变更执行后的审查来缓解，变更已经实施，指标优化的效果也可以监察到。根据监察的结果，系统要做相应的纠正，比如回退xApp的某一个变更。

（3）隐性冲突最难调解，主要是因为复杂的依赖关系很难或几乎不可能得到审查，就很难在任何调解方案中模型化。某些情况下，也存在可用的方法，系统设计确保xApp间优化指标时选择不同的参数，将隐性冲突转化为间接冲突，最好还是建立管理隐性冲突的常规方法。

xApp 各自的调整目标可通过 A1 接口策略进行约定，将 xApp 针对的每个指标的相对重要性与优化指标的重要性结合起来，定义指标效果也非常重要。冲突调解功能也可以使用机器学习的方法（例如强化学习）来先验地评估每个调整措施劣化降低指标的概率与潜在优化调高指标的概率。

5.2.4　消息总线

消息总线提供近实时 RIC 内部收发端间低时延的消息投递服务，主要服务包括：

（1）支持内部收发端的注册、发现、删除。

● 注册：收发端将自己注册到消息总线上。

● 发现：收发端期初由消息总线发现，并将其注册到消息总线上。

● 删除：一旦收发端不再使用，可将其删除。

（2）提供两类 API 用于消息的收发处理。

● 用于向消息总线发送消息的API。

● 用于从消息总线接收消息的API。

（3）支持消息的多种传递模式。

● 点对点模式：收发端间的消息交互。

● 发布/订阅模式：将E2接口上报的实时数据分发给多个数据订阅者。

（4）提供消息路由，依据消息路由的信息将消息分发到不同的接收端。

（5）支持消息的健壮性，消息总线异常或者重启时，要避免数据丢失；数据老化时，需要释放消息总线的资源。

5.2.5　安全性

近实时 RIC 的安全功能，可以防止恶意 xApp 滥用无线网络信息（比如，将用户数据导出到未经授权的外部系统），可以防止恶意 xApp 通过 E2 节点开放的功能控制无线系统。

LTE eNB 的安全要求可参考 3GPP TS 33.401 标准，5GNR gNB 的安全要求可参考 3GPP TS 33.501 标准。

5.2.6　管理服务

OAM 管理服务由故障、配置、账号、性能、文件和安全等管理层面服务组成，OAM 管理遵循 3GPP TS 38.104 中定义的 O1 相关的管理能力。

为支持 OAM 管理服务，近实时 RIC 需要提供以下能力：

- 故障管理，近实时RIC通过O1接口提供近实时RIC平台的故障监控管理服务。

- 配置管理，近实时RIC通过O1接口提供近实时RIC平台的预配置管理服务。

- 日志记录，采集的日志信息可用于平台及其组件的操作回溯、故障定位和性能报告。日志数据经编制索引、加载到数据库中，即可提供给用户、系统直接查看并用于分析指标和生成报告。近实时RIC的各个组件依据约定的通用日志格式，记录各组件发生的事件。有多种类型的日志，比如审计日志、指标日志、错误日志和调试日志等。

- 信令跟踪，通过跟踪机制来监控事务或工作流。比如，订阅过程可分为两个消息跟踪，即订阅请求的消息跟踪以及订阅响应的消息跟踪。通过分析跟踪的单个消息，来评估业务流程经过近实时RIC特定模块组件的时间消耗。

- 指标采集，采集与发布特定xApp逻辑及其他内部功能的性能、故障管理指标，供授权用户（比如SMO）使用。指标的收集和上报通过指标采集机制来完成。

5.2.7　接口服务

1. E2 接口服务

E2 接口提供的服务主要负责近实时 RIC 与 O-CU、O-DU、O-RU、O-eNB 之间的服务对接，用于数据的实时采集以及近实时 RIC 分析优化策略的下发等，主要服务包括：

● 为每个E2节点维护一条SCTP链接。

● 通过SCTP链接将消息从xApp路由到E2节点。

● 负责解码输入的ASN.1消息的适量负载内容，用于确定消息类型。

● 处理E2链接相关的输入性E2消息。

● 接收并处理E2节点的E2链接建立请求。

● 负责通知xApp从E2链接建立及RIC服务更新流程解析的E2节点支持的 RAN功能列表。

● 负责通知新连接的E2节点已接收的功能列表。

E2 接口的协议栈如图 5-2 所示。

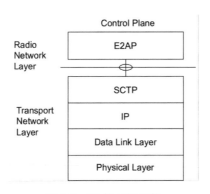

图 5-2　E2 接口协议栈

2. A1 接口服务

A1 接口提供的服务主要负责近实时 RIC 与非实时 RIC 之间的服务对接，

A1 接口服务提供一组通用的 API，近实时 RIC 使用这类 API 通过 A1 接口接收和发送消息，主要服务内容包括：

- 接收非实时RIC的A1策略和扩充信息。
- 发送A1策略执行后的回馈信息给非实时RIC。

3. O1 接口服务

O1 接口提供的服务主要负责近实时 RIC 与 SMO 之间的服务对接，并提供近实时 RIC 中 O1 相关的管理服务，近实时 RIC 是管理服务的提供者，SMO 是管理服务的使用者，主要服务内容包括：

- 向预配管理服务的使用者提供近实时RIC的O1预配置管理服务。
- 支持将O1管理服务具体对接到近实时RIC内部的实现API。
- 提供故障管理服务，向故障管理服务的使用者上报近实时RIC产生的故障和事件。
- 提供性能管理服务，向性能管理服务的使用者上报近实时RIC产生的大量实时性能数据。
- 提供文件管理服务，文件管理服务的使用者请求下载ML模型、软件包等文件，并上传日志与跟踪记录等文件给文件管理服务的使用者。
- 向O1通信监控服务的使用者提供通信监控服务。

5.2.8　API管理服务

近实时 RIC 系统提供的 API 依据服务交互的范围，可分为 E2 相关的服务 API、A1 相关的服务 API、管理相关的服务 API 和数据库相关的服务 API。

API 管理服务为近实时 RIC 内部的 API 注册、发现和使用提供管理支持，提供的管理服务包括：

- 近实时RIC内部API的仓储/注册服务。

- 近实时RIC内部已注册API的发现服务。

- xApp使用近实时RIC内部已注册API的鉴权认证服务。

- 提供通用的订阅和事件通知服务。

- 提供方法避免xApp与要访问的服务间的兼容性冲突。

xApp 可通过一个或多个 API 访问 API 管理服务，API 管理服务的 API 接口要考虑第三方提供的或者 RIC 内部的 xApp 的信任等级。

5.2.9　AI/ML支持

1. 数据管线

近实时 RIC 的 AI/ML 数据管线为 xApp 提供数据的输入和预处理。

AI/ML 数据管线的输入包括通过 E2 接口收集的 E2 节点数据、通过 A1 接口收集的扩充信息数据、来自 xApp 应用程序的数据以及通过消息总线从近实时 RIC 数据库检索的数据。

AI/ML 数据管线的输出可供近实时 RIC 的 AI/ML 模型训练使用。

2. 训练

近实时 RIC 的 AI/ML 训练功能为近实时 RIC 中 xApp 的模型训练提供支撑。AI/ML 训练功能提供通用和独立于场景的 AI/ML 能力，这些能力可在多个场复用。

5.2.10　xApp仓储功能

xApp 仓储功能可根据策略类型和运营商策略，选择 xApp 进行 A1 消息路由；xApp 仓储功能为 A1 接口服务提供近实时 RIC 支持的策略类型，这些策略类型源自已注册的 xApp 和运营商提供的策略；xApp 仓储功能根据运营商策略强制 xApp 对请求的 A1-EI 类型进行访问控制。

5.3 xApp 简介

xApp 是近实时 RIC 平台上运行的应用程序。xApp 可由一个或多个微服务组成，一旦部署就能知晓需要使用哪些数据以及最终能提供什么数据；它独立于近实时 RIC 平台，可由任意第三方提供，通过 E2 接口服务支持 xApp 和 RAN 功能之间的直接关联。

5.3.1 xApp组成

xApp 由描述符和程序镜像组成，镜像是一个软件包，描述符描述了镜像的打包格式。xApp 描述符为 xApp 管理服务提供 xApp 生命周期管理所需的信息，包括部署、卸载、升级等；xApp 描述符还提供与 xApp 的运行状况管理相关的额外参数，当其负载过重时的自动缩放或当其变得不正常时的自动修复；xApp 描述符提供 xApp 启动时的 FCAPS 和控制参数。

xApp 描述符的主要内容包括：

- xApp基本信息，包括xApp镜像的名称、版本、提供商、URL、虚拟资源的要求等，SMO借助这些信息实现对xApp的生命周期管理。
- FCAPS管理规范，用于指定xApp的配置、性能指标采集等能力。
- 控制规范，指定xApp为实现控制功能而使用和提供的数据类型。比如，xApp订阅的性能指标数据、控制消息的消息类型。
- xApp镜像包含部署xApp所需的所有文件，xApp可以有多个不同版本的镜像。

5.3.2 经典用例

1. 流量引导（Traffic Steering）

由于网络中快速增长的流量以及多频段技术的应用，使得引导流量在网络中均衡分布变得更具挑战性；传统的控制手段仅限于小区重选、切换参数调整、修改载荷计算和小区优先级。

近实时 RIC 中流量引导的目标是解释从 A1 口接收的策略，以及为实现这些策略而决定做出相应的最优变更，还可以利用 A1 接口的扩充信息。为实现预期的目标，流量引导也可以复用其他用例提供的机制。

更具体地说，近实时 RIC 触发 E2 接口流程和相关的控制策略，以获得满足 A1 接口策略中定义的网络性能。

2. 基于 QoS 的资源优化

网络在确保业务所需的 QoS 特点（比如可靠性、延迟、带宽要求等）的同时，还必须能够提供确定资源优先级的手段。当前无线网络的覆盖范围和容量依赖严格的规划和配置。由于流量需求、无线信道能力以及多个业务共存的性质各异，因此很难同时满足所有的 QoS 要求。

E2 节点尽可能优雅地实现 QoS 目标非常重要。基于 QoS 的资源优化应根据不同的无线条件和流量要求提供精细的无线资源分配粒度，以便同时满足可靠性、延迟和带宽的多样化要求。此外，为共存的、具有不同优先级的多个业务分配最佳的无线资源，还应具备协调无线资源分配的能力。

如果观察到网络性能数据脱离 QoS 预定义的目标范围，近实时 RIC 应触发无线资源的重分配以便 QoS 指标值可以重新返回到 A1 接口策略定义的范围内。

5.4　E2 接口

近实时 RIC 平台功能中实现各种接口服务的功能点时，基于实际情况会有差异，E2 接口服务主要包括以下功能。

（1）E2AP 的 RIC 功能流程。

● RIC 订阅功能使用包括 E2 订阅的请求、拒绝、成功、失败，以及 E2 指南的请求、响应等 E2 接口的相关 API。

● RIC 订阅删除功能使用包括 E2 订阅删除的请求、拒绝、成功、失败、必备、衰退、通知等E2接口的相关API。

● RIC指示功能使用E2指示的E2接口API。

● RIC控制功能使用E2控制的请求、拒绝、成功、失败，以及E2指南的请求、响应等E2接口的相关API。

（2）使用 E2 指南相关 API 的功能流程。

● xApp使用E2指南的请求、响应等API发起冲突调解流程。

● xApp订阅管理功能使用E2指南的修改API发起冲突调解流程。

● 使用E2指南的修改API监视冲突调解的相关消息。

● 冲突调解模块使用E2指南的修改API发起冲突调解流程。

（3）E2AP 的全局功能流程。

● E2建立、RIC服务更新、E2节点配置更新等流程会使用到E2NodeInfo和E2NodeList等SDL的相关API。

● 与E2AP全局支持功能（E2 RESET等）、冲突调解功能相关的其他流程，还需要继续研究补充。

5.4.1　E2订阅功能

近实时 RIC 中，E2 订阅 API 的功能流程用于保证近实时 RIC 仅通过 E2 接口向 E2 节点发送经验证的且不重复的 RIC 订阅请求消息，并确保多个 xApp 发送的重复 E2 订阅请求消息得到合理的处理。

此功能流程的实现，需要具备以下基础能力：

● xApp会从近实时RIC平台（即冲突调解服务）获得指导，以便在发送E2订阅请求消息之前，解决潜在的冲突或者检测到部分重复。

● xApp已配置受信任的xApp标识。

● E2相关的API会将发送给一个或多个E2节点的E2订阅请求消息，从xApp路由到相应的近实时RIC平台的xApp订阅管理功能实例。

- xApp订阅管理服务能够从平台数据库中复原所有之前已经成功处理的指向xApp的目标E2节点的RIC订阅信息，并能够检测出重复的RIC订阅消息并复原E2节点的响应消息给订阅者xApp。

- xApp订阅管理服务也能够从冲突调解服务中获得指导。

- xApp订阅管理服务能够为每个涉及的E2节点分配一个唯一的RIC订阅请求标识。

- xApp订阅管理服务能够将RIC订阅请求消息路由到对应的E2接口服务。

- E2接口服务能够将任何收到的RIC订阅响应或RIC订阅失败消息系统地转发给对应的xApp订阅管理服务。

- xApp订阅管理服务需要维系一个合法xApp与生效订阅（生效的订阅标识由E2节点标识和xApp的订阅请求标识组成）的映射关系；E2接口服务基于这个映射关系，能够将E2节点上报的RIC指示消息转发给合适的一个或一组xApp。

该服务流程由 xApp 通过 E2 接口的 E2 订阅请求消息发起，目的在于给指定的一组 E2 节点发送 RIC 订阅请求消息，会存在以下结果：

- 近实时RIC平台识别出xApp意向中的E2节点没有相应的E2接口事务能力，则直接拒绝该次订阅请求，并给xApp发送一个携带拒绝原因的E2订阅响应消息，可能的原因包括xApp无权发起特定的订阅请求。

- 近实时RIC平台成功受理来自xApp对特定E2节点的订阅请求，但检测到该订阅请求存在重复，因此近实时RIC平台会发送一条成功的E2订阅确认响应给xApp，而不会真实地发起对E2节点的E2事务流程。

- 针对特定E2节点的订阅请求被近实时RIC平台和E2节点接受并成功受理，对应E2接口的事务流程，近实时RIC平台会发送一条成功的E2订阅确认响应给xApp。

- 针对特定E2节点的订阅请求被近实时RIC平台受理，但是却被E2节点拒绝，对应E2接口的事务流程，近实时RIC平台会发送一条失败的E2订阅确认响应给xApp，可能的原因包括E2节点不受理请求的内容。

由 xApp 发起的 E2 订阅流程如图 5-3 所示。

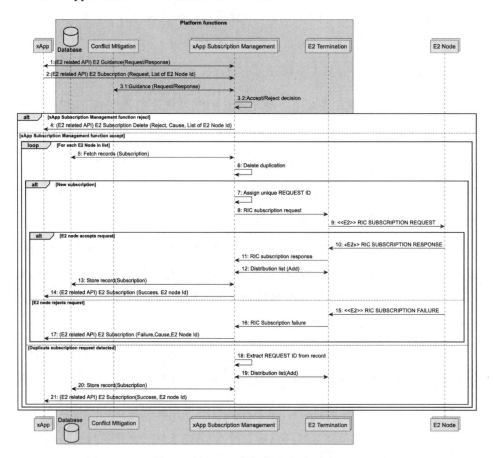

图 5-3　由 xApp 发起的 E2 订阅流程

5.4.2　E2订阅删除功能

近实时 RIC 中 E2 订阅删除功能用于确保：

● 近实时RIC仅通过E2接口向E2节点发送经验证的RIC订阅删除请求消息。

● 来自E2节点的现有订阅的删除请求得到正确处理。

● 重复订阅请求的删除请求将得到妥善处理。

此功能流程的实现，需要具备以下基础能力：

● E2相关的API服务将源自xApp的、对一个或多个E2节点的订阅删除请求消息路由到相应的xApp订阅管理服务实例。

● 已经为xApp配置了一个受信任的xApp标识。

● 基于平台数据库，xApp订阅管理服务能还原xApp的E2订阅删除请求中列出的E2节点的所有活动的E2订阅，并能够检测出xApp的订阅删除请求何时以及是否应该产生对E2节点的E2删除消息。

● xApp订阅管理服务将订阅删除请求路由到对应的E2接口服务实例。

● E2接口服务能够将任何收到的RIC订阅删除响应或RIC订阅删除失败消息系统地转发给对应的xApp订阅管理服务。

● xApp订阅管理服务需要维系一个合法xApp与生效订阅（生效的订阅标识由E2节点标识和xApp的订阅请求标识组成）的映射关系；E2接口服务基于这个映射关系，能够将E2节点上报的RIC指示消息转发给合适的一个或一组xApp。

● E2接口服务还能将任何收到的来自E2节点的RIC订阅删除消息转发给相应的xApp订阅管理服务实例。xApp订阅管理服务能从平台数据库中恢复与来自E2节点的订阅删除请求相关联的xApp列表，一旦决定接收E2节点的订阅删除请求，则使用E2相关API删除对这些xApp的订阅。在确定是否接收E2节点的订阅删除请求之前，xApp订阅管理服务会向每个具有有效订阅的xApp发送E2订阅删除请求，每个xApp会使用E2订阅删除（请求）或E2订阅删除（拒绝）进行响应。

xApp 通过 E2 相关 API 发起的针对一组 E2 节点的订阅删除请求流程，存在以下可能的结果：

● 删除请求被xApp订阅管理服务拒绝，在没有E2接口事务交互的情况下（比如，不存在与xApp相关联的有效订阅），直接给xApp发送E2订阅删除的失败响应。

● 删除请求被xApp订阅管理服务成功受理，但检测到要删除的订阅存在多个xAPP复用，在没有E2接口事务交互的情况下，直接给xApp发送E2订阅删除的成功响应。

● 删除请求被xApp订阅管理服务和E2节点成功受理，则发送给xApp与E2
  接口事务交互相对应的E2订阅删除成功响应。

● 删除请求被xApp订阅管理服务受理，但被E2节点拒绝（比如，E2节点
  无法识别待删除的订阅标识），则发送给xApp与E2接口事务交互相对
  应的E2订阅删除失败响应。

由 xApp 发起的 E2 订阅删除流程如图 5-4 所示。

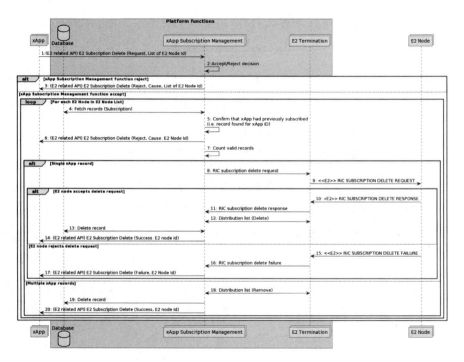

图 5-4   由 xApp 发起的 E2 订阅删除流程

E2 节点也可以发起订阅删除的请求流程，在这种情况下，xApp 订阅管理
服务会通过 E2 订阅删除咨询消息与关联的 xApp 协商，存在以下可能的结果：

● xApp接收删除订阅的请求，并发送E2订阅删除请求消息给订阅管理服
  务以请求删除订阅。在这种情况下，订阅管理服务也可能会决定不删
  除订阅，并给xApp返回E2订阅删除的拒绝响应。

● xApp拒绝删除订阅的请求，发送E2订阅删除拒绝消息给订阅管理服务。

在这两种情况下，如果 xApp 订阅管理服务决定删除订阅，会发送 E2 订

阅删除的通知响应给每个相关的 xApp，以通知该次处理的最终结果。

由 E2 节点发起的 E2 订阅删除流程如图 5-5 所示。

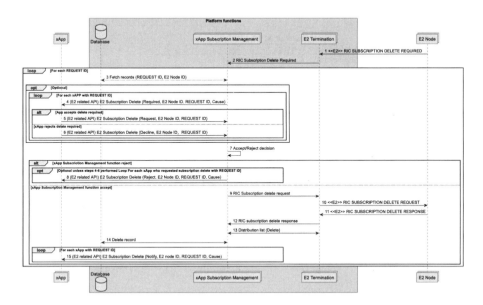

图 5-5 由 E2 节点发起的 E2 订阅删除流程

5.4.3 E2指示功能

近实时 RIC 中 E2 指示流程的目的在于确保将 RIC 指示消息传送到一个或多个经合法性验证的 xApp。

此功能流程的实现，需要具备以下基础能力：

● E2接口服务需要维护与E2节点标识以及订阅请求标识相关联的经合法验证的xApp列表。

● E2相关API要确保将RIC指示消息从E2接口服务转发给所有经合法验证的xApp。

● 消息投递的总线服务支持将消息分发给多个目标。

E2指示流程如图 5-6 所示。

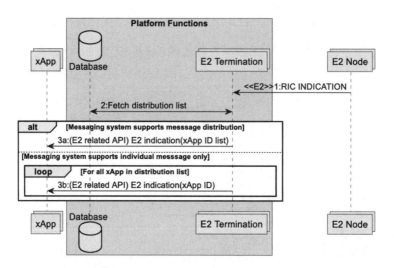

图 5-6　E2 指示流程

5.4.4　E2控制功能

近实时 RIC 中 E2 控制流程的目的在于确保只有经过授权的 xApp 才能发起经由近实时 RIC 平台通过 E2 接口向 E2 节点下发 RIC 控制请求消息。

此功能流程的实现，需要具备以下基础能力：

● 在发送E2控制请求之前，xApp会从冲突调解服务中获取指导以解决潜在的控制冲突。

● 已为xApp配置了受信任的xApp标识。

● 能够配置E2相关的API，用于路由xApp的针对特定E2节点的E2控制请求消息到冲突调解服务或者直接路由给相应的E2接口服务实例。

● E2相关API要确保只有经授权的xApp，才能向相应的E2接口服务实例发送E2控制请求消息。

● E2相关API要确保E2接口服务能系统地将任何收到的RIC控制响应或RIC控制失败消息转发给相应的xApp。

该流程由 xApp 通过 E2 控制请求的相关 API，向指定的 E2 节点发送 RIC 控制请求，存在以下可能的结果：

- 请求被近实时RIC平台以及E2节点成功受理，经过与E2节点的事务交互后，向xApp发送E2控制成功的响应消息，并携带E2节点的处理结果。

- 请求被近实时RIC平台接收，经过与E2节点的事务交互后，被E2节点拒绝（比如，请求内容不合理），向xApp发送带失败原因的E2控制响应消息。

- 请求被近实时RIC平台拒绝（比如，被冲突调解检测到异常），向xApp发送E2控制拒绝的响应消息。

E2 控制流程如图 5-7 所示。

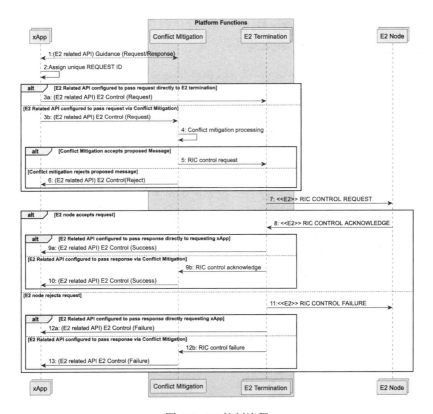

图 5-7　E2 控制流程

5.4.5　E2指南请求/响应功能

在近实时 RIC 中，经授权的 xApp 在发起控制动作之前，需要先通过 E2 指南请求 / 响应流程从冲突调解服务获取指导信息。

冲突调解服务可提供如下指南：

● 对于xApp拟议的E2相关控制消息或一系列消息，能够提示是否可能与其他xApp的E2相关控制消息产生冲突。

● 为了避免同其他xApp的E2相关控制消息产生冲突，能够推荐如何调整xApp拟议的E2相关控制消息或一系列消息。

● 调整对其他xApp或者平台功能的已有提议。

此功能流程的实现，需要具备以下基础能力：

● 在发起RIC功能流程之前，为解决潜在的冲突，xApp可以通过E2相关API从冲突调解服务获取指导。

● 在后续的RIC功能流程中，xApp能够采纳冲突调解服务提供的指导。

此流程由 xApp 通过 E2 指南请求的 API 发起，存在以下可能的结果：

● 通过E2指南的响应API能力，近实时RIC平台向请求者xApp提供合理的指导。

● 通过E2指南的响应API能力，近实时RIC平台向另一个xApp或者其他平台服务，提供调整后的新指导。

xApp 发起的 E2 指南流程如图 5-8 所示。

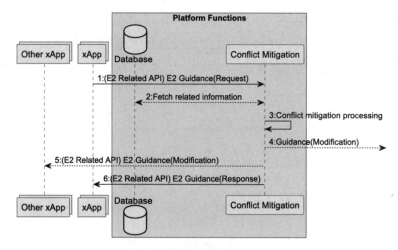

图 5-8　xApp 发起的 E2 指南流程

5.4.6　E2 指南修改功能

1. 订阅管理服务发起

E2 指南修改流程，可由近实时 RIC 平台内部的 xApp 订阅管理服务发起，借此使冲突调解机制触发对 E2 指南的潜在修改，以便 xApp 订阅管理服务在处理后续操作之前从冲突调解服务中得到指导。

此功能流程的实现，需要具备以下基础能力：

● xApp 订阅管理可能会请求冲突调解的指导，以便在启动 RIC 功能程序之前解决潜在的冲突。

● 冲突调解可能需要随后修改之前提供的 xApp 指南。

存在以下可能的结果：

● 冲突调解服务能够为 xApp 订阅管理服务提供指导。

● 冲突调解服务能够为另一个近实时 RIC 平台的服务提供调整后的指导。

● 冲突调解服务能够通过 E2 指南修改的 API 为其他 xApp 提供调整后的指导。

xApp 订阅管理服务发起的 E2 指南修改流程如图 5-9 所示。

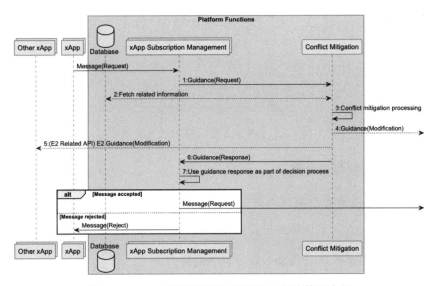

图 5-9　xApp 订阅管理服务发起的 E2 指南修改流程

2. 消息监控服务发起

E2 指南修改流程，可由近实时 RIC 平台内部的与冲突调解相关的消息监控服务发起，使得冲突调解服务能够监视平台其他服务的后续事务。

此功能流程的实现，需要具备以下基础能力：

● 可以配置E2接口服务、xApp订阅管理服务等其他平台功能服务，将与xApp事务相关的消息转发给冲突调解服务。

● 冲突调解服务可以使用在后续流程制定响应时获得的信息，为其他近实时RIC平台服务调整之前提供的指南。

● 冲突调解服务可以利用获得的信息，通过E2指南修改API为其他xApp提供调整后的新指南。

消息监控服务发起的 E2 指南修改流程如图 5-10 所示。

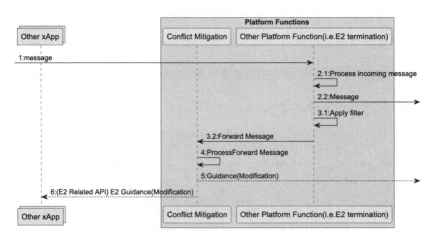

图 5-10 消息监控服务发起的 E2 指南修改流程

3. 冲突调解服务发起

E2 指南修改流程，也可由近实时 RIC 平台的冲突调解服务发起，在处理操作期间，可使冲突调解服务进行直接干预。

此功能流程的实现，需要具备以下基础能力：

● 在发起RIC功能流程前，为解决潜在的冲突，能够将xApp或平台其他服务的消息重定向到冲突调解服务。

● 即使冲突调解服务接收了拟议的消息，xApp或平台其他服务也不会意识到消息被做了重定向。

存在以下可能的结果：

● 冲突调解服务接收拟议的消息并转发给平台的其他服务。

● 冲突调解服务拒绝拟议的消息时，会给发起者xApp或平台的其他服务回一个携带拒绝原因、可选指导的拒绝响应。

冲突调解服务发起的 E2 指南流程如图 5-11 所示。

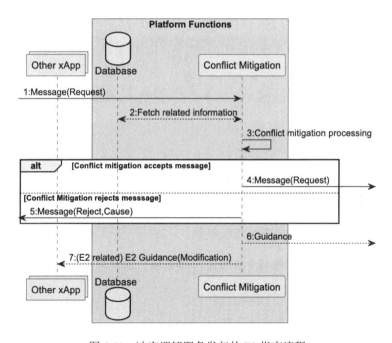

图 5-11　冲突调解服务发起的 E2 指南流程

5.5　基于 QoS 的资源优化

本节详细描述了为实现基于 QoS 的资源优化目标，O-RAN 各功能实体应具备的主要功能，以及各功能实体间如何相互协作。

5.5.1 参与的功能实体

1. SMO 中的 OAM 功能

- 从网络级测量报告和扩充数据（可来源于应用程序）中收集必要的测量指标，用于构建、训练相关的AI/ML模型。

- 通过O1接口，将相关的QoS优化AI/ML模型部署、更新或配置到近实时RIC平台。

2. SMO 中的非实时 RIC 功能

- 为驱动RAN级的资源优化，向近实时RIC提供A1策略，并接收近实时RIC的策略执行反馈。

- 比如用于优化保证TS 23.203中定义的GFBR、MFBR、优先级、PDB等QoS目标。

- 相关的详细信息，请参阅WG2 A1AP规范。

3. 近实时 RIC 功能

- 需要支持从SMO更新AI/ML模型。

- 能够基于E2节点的测量报告等网络数据，通过非实时RIC提供的AI/ML模型进行QoS预测推理。

- 支持解释和执行源自非实时RIC的A1策略。

- 为调整RRM资源，向E2节点发送与QoS资源优化相关的策略和命令。

- 将A1策略的实施反馈信息发送给非实时RIC，用于后续的策略调整更新。

- 将O1接口性能数据反馈为OAM功能实体，可使非实时RIC用于潜在的策略更新。

4. E2 节点功能

- 支持通过E2接口向近实时RIC上报UE上下文、网络测量和UE测量数据。

- 通过E2接口接收并执行近实时RIC的策略和命令。

- 支持通过O1接口向SMO域中的OAM功能实体提供网络级UE级的性能报告数据。

5.5.2　主要功能流程

基于 SMO、近实时 RIC、E2 节点各自明确的功能分工，在 QoS 的资源优化场景中，各功能实体间的主要协作流程如下：

- 非实时RIC评估采集的O1性能数据和A1策略反馈数据，并根据需要生成或更新基于QoS感知的资源优化策略（如QoS目标），并通过A1接口将其发送到近实时RIC。

- 当收到源自非实时RIC的A1策略时，近实时RIC将启动相应的优化流程。

- 近实时RIC通过E2接口订阅UE上下文信息和测量指标。

- E2节点定期或以事件触发的方式，通过RIC服务的REPORT事件上报UE上下文信息和E2测量指标。

- 近实时RIC评估同一UE的不同E2节点的性能数据，检查性能指标是否超出A1策略预定义的QoS目标。如果性能指标在预定义的范围内，近实时RIC继续监控UE的状态。

- 如果性能指标超出预定义的范围，近实时RIC根据UE上下文信息、E2测量指标和A1策略，生成新的或修改现有的E2策略，并将新的策略发送给对应的E2节点。近实时RIC还可以生成控制命令并将其发送到E2节点以触发无线资源的重分配，以便QoS指标值可以重新返回到A1接口策略定义的范围内。

- 近实时RIC可根据需要向非实时RIC发送A1策略执行后E2节点的反馈信息，非实时RIC基于反馈的数据评估无线侧QoS优化的性能，以及采用的A1策略效果，再做进一步的A1策略更新优化。

- 非实时RIC可终止基于QoS的资源优化策略，并通知近实时RIC。

基于 QoS 的资源优化流程如图 5-12 所示。

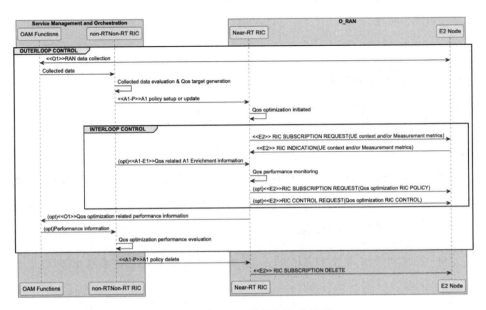

图 5-12　基于 QoS 的资源优化流程

第6章
集中单元、分布单元和射频单元

为了提升灵活性及互操作性，O-RAN 联盟进一步将 RAN 分解成 Near-RT RIC、O-CU-CP、O-CU-UP、O-DU 以及 O-RU 等逻辑功能。前缀"O-"用来区分与 3GPP 逻辑功能的差异，但事实上，O-RAN 与 3GPP 规范中对等逻辑单元的内在功能是近似的；O-RAN 的主要变化在于支持一系列开放接口。从逻辑功能角度看，Near-RT RIC、O-CU-CP 和 O-CU-UP 和组合就等价于 3GPP 规范定义的集中单元 CU；而 O-DU 和 O-RU 的组合等价于 3GPP 中的分布单元 DU，CU/DU 以及相关协议实体如图 6-1 所示。

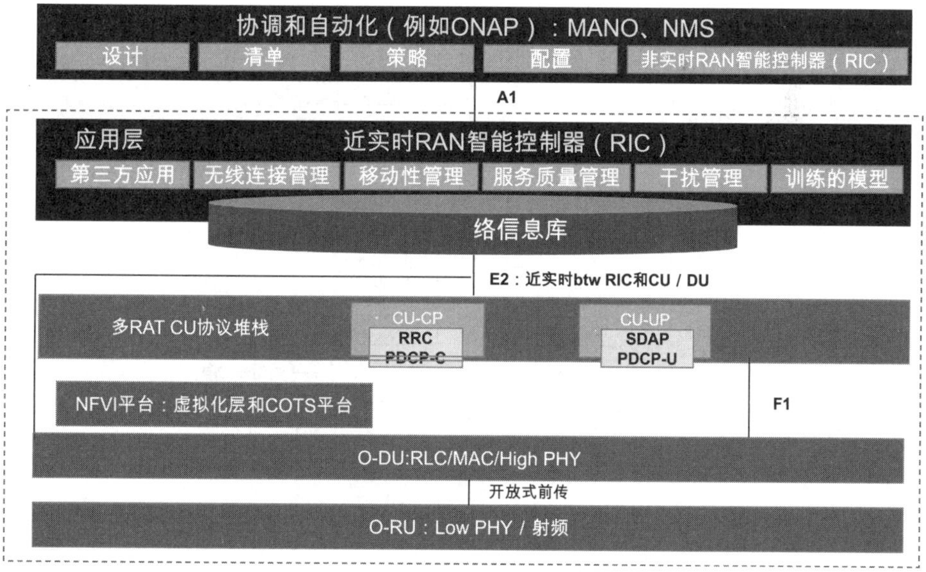

图 6-1　CU/DU 以及相关协议实体

6.1　集中单元

集中单元（Centralized Unit，CU）分为集中单元用户面（Centralized Unit-User Plane，CU-UP）和集中单元控制面（Centralized Unit-Control Plane，CU-CP）。集中单元有以下两个特点：

● 业务处理实时性要求在50~200ns。

● 易于集中式部署，向基于通用云平台的云化方向发展。

6.1.1　集中单元用户面

集中单元用户面主要负责用户业务数据处理流程，它包含的 3GPP 协议实体为服务数据调整协议（Service Data Adaptation Protocol，SDAP）以及分组数据汇聚协议（Packet Data Convergence Protocol，PDCP）。同时，支持 CU-UP 与 CU-CP 之间的控制接口 E1、CU 与 near-RT RIC 之间的开放接口 E2，以及 CU 与 DU 之间的 F1 接口。

如图 6-2 所示是 NR 用户面协议架构中下行链路处理流程。

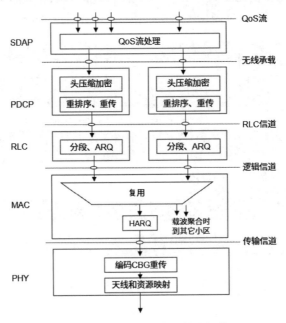

图 6-2　NR 下行用户面协议架构

下面对无线接入网络的不同协议实体作概述,后续章节将作更详细的描述。

SDAP 负责根据 QoS 要求将 QoS 承载映射到无线承载。LTE 中不存在该协议层,但在 NR 中当连接到 5G 核心网时,新的 QoS 处理需要这一协议实体。

PDCP 实现 IP 报头压缩、加密和完整性保护。在切换时,它还处理重传、按序递交和重复数据删除。对于承载分离的双连接,PDCP 可以提供路由和复制,即为终端的每个无线承载配置一个 PDCP 实体。

1. 服务数据调整协议(SDAP)

SDAP 负责 5G 核心网的一个 QoS 流和一个数据无线承载之间的映射,以及对上行、下行链路中的数据包做 QoS 流标识符(Quality-of-service Flow Identifier,QFI)的标记。在 NR 中引入 SDAP 的原因是,当连接到 5G 核心网时,与 LTE 相比需要新的 QoS 处理。在这种情况下 SDAP 负责 QoS 流和无线承载之间的映射。如果 gNB 连接到 EPC,就像在非独立组网模式的情况下,则不需要使用 SDAP。

2. 分组数据汇聚协议(PDCP)

PDCP 执行 IP 报头压缩以减少通过无线接口传输的比特数。报头压缩机制基于鲁棒性报头压缩(ROHC)框架,这是一组标准化的报头压缩算法,也被用于其他几种移动通信技术。PDCP 还负责加密以防止窃听,对于控制平面,它还提供完整性保护以确保控制消息来自正确的信息源。在接收端,PDCP 执行相应的解密和解压缩操作。

PDCP 还负责重复数据包的删除和(可选的)对数据包的按序递交,用于如 gNB 内切换的场景。在切换时,PDCP 将未送达的下行数据包从旧的 gNB 转发到新的 gNB。在切换时,由于 HARQ 的缓存被清空,终端中的 PDCP 实体还将负责对尚未送达 gNB 的所有上行数据包进行重传。在这种情况下,一些 PDU 可能被重复接收,即通过旧 gNB 和新 gNB 两个连接。在这种情况下,PDCP 将删除重复接收的数据包。PDCP 还可以被配置为执行重排序功能以便确保 SDU 按序递交到更高层协议(如果需要的话)。

PDCP 中重复数据包处理功能也可用于提供额外的分集功能。在发射端，数据包首先被复制，然后在多个小区中发送，增加了至少有一个副本被接收到的可能性。这对需要超高可靠性的业务而言非常有用。在接收端，PDCP 的重复删除功能则删除掉所有重复项，这实质上相当于选择分集。

双连接是另一个 PDCP 发挥重要作用的领域。在双连接中，终端连接到两个小区，通常是两个小区组，即主小区组（MCG）和辅小区组（SCG），两个小区组可以由不同的 gNB 负责。一个无线承载通常由一个小区组处理，但是也存在承载分离的场景，在这种情况下，一个无线承载由两个小区组共同处理。此时，PDCP 负责在 MCG 和 SCG 之间分配数据，如图 6-3 所示。

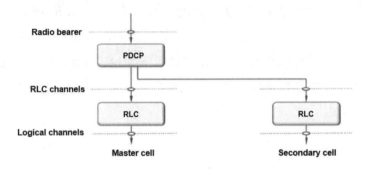

图 6-3　承载分离的双连接

Release 15 在 2018 年 6 月更新的版本中对双连接提供广泛支持，而 2017 年 12 月更新的版本中无线承载仅限于 LTE 和 NR 之间的双连接——这对于 Option$_3$ 的非独立组网尤其重要。基于 LTE 的主小区负责控制面及（可选的）用户面信令，而基于 NR 的辅小区仅负责处理用户平面，这主要是为了提高数据速率。

6.1.2　集中单元控制面

集中单元控制面协议主要负责连接建立、移动性和安全性。

NAS 控制面功能位于核心网的 AMF 和终端之间。它包括鉴权、安全性和不同的空闲态过程，比如寻呼（如下所述），它还负责为终端分配 IP 地址。

无线资源控制（Radio Resource Control，RRC）的控制面功能位于 gNB 中的 RRC 和终端之间。RRC 负责处理与 RAN 相关的控制面过程，包括：

● 系统信息的广播，终端需要这些信息以便与小区通信。

● 发送来自 MME 的寻呼消息，以通知终端收到的连接请求。当终端未连接到小区，并处于 RRC_IDLE 状态（下面有进一步的描述）时，系统会使用寻呼。

● 系统信息更新的指示是寻呼机制的另一种用途，公共告警系统也是如此。

● 连接管理，包括建立承载和移动性。这涉及建立 RRC 上下文，即配置终端和无线接入网之间通信所需的参数。

● 移动性功能，比如小区（重新）选择。

● 测量配置和报告。

● 终端能力的处理，当建立连接时，终端将告知网络它具有哪些能力，因为并非所有终端都能支持规范中所描述的功能。

RRC 消息通过信令无线承载（Signaling Radio Bearer，SRB）发送给终端，其使用的协议层（PDCP、RLC、MAC 及 PHY）和 6.4 节所描述的相同。在连接建立期间，SRB 被映射到公共控制信道（CCCH），一旦连接建立起来，则被映射到专用控制信道（DCCH）上。MAC 层可以复用控制面数据和用户面数据，且这些数据可以在相同的 TTI 中传送给终端。在低时延比加密、完整性保护和可靠传输更重要的特殊情况下，上述 MAC 控制信元还可用于控制无线资源。

1. RRC 状态机

对于绝大多数无线通信系统，根据业务活动的不同，终端可以处于不同的状态。NR 也是如此，而且 NR 终端可以处于三种 RRC 状态中的一种，即 RRC_IDLE、RRC_CONNECTED 和 RRC_INACTIVE。RRC_IDLE 和 RRC_CONNECTED 类似于 LTE 中的对应状态，而 RRC_INACTIVE 是在 NR 中引入的新状态，在最初的 LTE 设计中并不存在。此外，取决于终端是否已建立与核心网的连接，还存在核心网状态 CN_IDLE 和 CN_CONNECTED，此处不进一步讨论，RRC 状态如图 6-4 所示。

图 6-4　RRC 状态

在处于 RRC_IDLE 状态时，无线接入网中还不存在 RRC 上下文——还不存在终端和网络之间通信所需的参数，此时终端不属于任一小区。从核心网的角度来看，此时终端处于 CN_IDLE 状态。由于终端为了减少电池电量消耗而大部分时间处于休眠状态，所以极有可能没有数据传输发生。在下行状态，处于空闲态的终端周期性地醒来，以便从网络接收寻呼消息（如果有的话）。此时终端对移动性的处理是通过小区重选来实现的。上行同步也不会被维护，唯一可能发生的上行传输是为转移到连接态进行的随机接入。作为转移到连接态的一部分，在终端和网络之间建立起 RRC 上下文。

在 RRC_CONNECTED 状态时，RRC 上下文已建立起来，终端和无线接入网络之间通信所需的全部参数对于两者也是已知的。从核心网的角度来看，此时终端处于 CN_CONNECTED 状态。终端所属的小区也已知，并且用于终端和网络之间信令目的的终端标识，即小区无线网络临时标识 （Cell Radio-Network Temporary Identifier，C-RNTI）也已配置完成。连接态用于向终端发送或者从终端接收数据，不过，此时也可以配置不连续接收（Discontinuous Reception，DRX）以降低终端的功耗。由于连接态下在 gNB 中已建立了 RRC 上下文，因此离开 DRX 并开始接收或发送数据相对较快，因为此时不需要通过相关信令建立连接。此时移动性由无线接入网络管理，即终端向网络提供相邻小区测量报告，网络控制终端执行相关的切换操作。此时上行时间有可能对齐也可能不对齐，但都需要使用随机接入建立起来，并对其进行维护，以便进行数据传输。

LTE 仅支持空闲态和连接态。因而为了减少终端功耗，实际常见的情况是使用空闲态作为主要的睡眠状态。然而，由于对许多智能手机应用而言，小数据包的传输很频繁，结果导致核心网中大量的空闲态和激活态之间的转换。这些转换是以信令负荷和时延为代价的。因此，为了减少信令负荷和时延，NR 中定义了第三种状态：RRC_INACTIVE 状态。

在 RRC_INACTIVE 状态时，RRC 上下文保持在终端和 gNB 中。核心网连接也保持不变，即以核心网络角度看，终端处于 CN_CONNECTED 状态。因此，转换到连接态以进行数据传输的速度很快，不需要核心网信令参与。RRC 上下文已经在网络中，空闲态到激活态的转换可以在无线接入网中处理。同时，终端睡眠的方式与空闲态下的睡眠方式类似，移动性的处理也依然是通过小区重选的方式进行，即不需要网络的介入。因此，RRC_INACTIVE 可以视为空闲态和连接态的混合。

从上面的讨论可以看出，不同状态之间的一个重要区别是相关的移动机制。高效的移动性处理是任何一个移动通信系统的关键部分。对于空闲态和非激活态，移动性由终端通过小区重选来处理，而对于连接模式，移动性由无线接入网基于测量报告来处理。下面描述了不同的移动机制。首先讨论空闲态和非激活态的移动性。

2. 空闲态和非激活态的移动性

空闲态和非激活态下的移动机制，其目的是确保网络可以连接到终端。网络通过寻呼消息来通知终端完成此操作。发送此类寻呼消息的区域是设计寻呼机制的关键，在空闲态和非激活态，由终端控制何时更新该信息，有时称该操作为小区重选。基本上，终端搜索和测量候选小区，类似于小区初始搜索。一旦终端发现有接收功率明显高于其当前小区的小区，它就认为这是最好的小区，然后如有必要，终端通过随机接入与网络联系。

1）终端跟踪

原则上，网络可以通过在每个小区广播寻呼消息以在整个网络覆盖范围内寻呼终端。然而，这显然意味着非常高的寻呼消息传输开销，因为绝大多数寻呼在没有目标终端的小区发送。另外，如果寻呼消息仅在终端所在的小区中发送，则需要在小区级别上跟踪终端。这意味着每当终端移出一个小区的覆盖范围而进入另一个小区的覆盖范围时，该终端必须通知网络。这也会导致非常高的系统开销，因为在这种情况下，终端需要使用信令通知网络最新的位置。因此，通常采用的是这两个极端之间的折中方案，即仅在小区组级别上跟踪终端：

- 仅当终端进入当前小区组之外的小区时，网络才接收有关终端位置的新的信息。

- 寻呼终端时，寻呼消息仅在小区组内的所有小区上广播。

在 NR 中，尽管在空闲态和非激活态这两种情况下分组有所不同，但跟踪小区的基本原则对于二者是相同的。

如图 6-5 所示，NR 的小区组成更大的 RAN 区（RAN Area），每个 RAN 区由一个 RAN 区标识符（RAN Area Identifier，RAI）标识。RAN 区组成更大的跟踪区（Tracking Area），每个跟踪区由一个跟踪区标识符（Tracking Area Identifier，TAI）标识。因此，每个小区属于一个 RAN 区和一个跟踪区，它们的标识是小区系统信息的一部分。

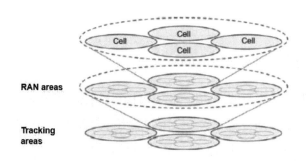

图 6-5 RAN 区和跟踪区

跟踪区是核心网级别的终端跟踪的基础。每个终端由核心网指派一个 UE 注册区（UE Registration Area），它包含一个跟踪区标识符列表。当终端进入一个不属于所指派的 UE 注册区的跟踪区中的小区时，它就接入网络，包括核心网，并执行 NAS 注册更新（NAS Registration Update），核心网登记终端的位置并更新终端的UE注册区，实际上就是为终端提供包含新 TAI 的新 TAI 列表。

为终端分配一组 TAI（即一组跟踪区）的原因是，如果终端在两个相邻跟踪区的边界上来回移动，则它可以避免重复的 NAS 注册更新。将旧 TAI 保持在更新的 UE 注册区内，如果终端移回旧的 TAI，则不需要做新的更新。

RAN 区是无线接入网络级别的终端跟踪的基础。处于非激活态的 UE 可以被分配一个 RAN 通知区（RAN Notification Area），该区域包括以下任意一项：

- 小区标识列表。

- RAI 列表，实际上就是 RAN 区列表。

- TAI 列表，实际上就是跟踪区列表。

请注意，第一项等价于每个 RAN 区仅包含一个小区，最后一项等价于 RAN 区与跟踪区重叠的情况。

RAN 通知区更新的流程类似于 UE 注册区的更新。当终端进入一个无论直接或间接（通过 RAN 区或者跟踪区）都不包含在 RAN 通知区内的小区时，终端就接入网络执行 RRC RAN 通知区更新。无线网络登记终端的位置并更新终端的 RAN 通知区。由于跟踪区的改变总是隐含着终端 RAN 区的改变，因此每当终端执行 UE 注册区更新时，都附带有 RRC RAN 通知区的更新。

为了跟踪其在网络中的移动，终端搜索和测量 SSB，类似于小区初始搜索。一旦终端发现某个 SSB 的接收功率超过其当前 SSB 的接收功率一定的阈值，它读取新小区的系统信息（SIB1）以便获取关于跟踪区和 RAN 区的信息。

2）寻呼消息发送

类似于系统信息的发送，寻呼消息通过普通的基于调度的 PDSCH 来传输。为了节省终端能耗，允许终端在特定时刻醒来（比如每 100ms 甚至更长时间苏醒一次）以监听寻呼消息。寻呼消息由 DCI 内部携带的特定 PI-RNTI 来指示，一旦检测到这样的 DCI，该终端就解调、解码相应的 PDSCH 以提取寻呼消息。请注意，在一个寻呼发送中可以包含与不同终端相对应的多个寻呼消息。因此，PI-RNTI 是一个共享的标识。

3）连接态的移动性

在连接态下，终端和网络之间建立了连接。连接态移动性的目的是确保终端在网络内移动时，可以保持连接而不会出现任何中断或明显的变差。

为了确保这一点，终端会在当前载波频率（频率内测量）上和其他已被告知的载波频率（频率间测量）上不断搜索新的小区。这种测量可以在 SSB 上完成，其方式基本上与在空闲态和非激活态下的初始接入和小区搜索相同（参见上文）。但是，测量也可以在配置的 CSI-RS 上进行。

在连接态下，终端在切换到不同小区时，自己不做任何决定。而是基于不同的触发条件，比如测量 SSB 与当前小区相比的相对功率，终端把测量结果报告给网络。基于该报告，网络决定终端是否要切换到新小区。需要指出的是，该报告是通过 RRC 信令完成的，也就是说，它不包含在 L1 的测量和报告框架（参见第 8 章）中，这个框架的用例之一是波束管理。

除了非常小且彼此紧密同步的小区之外，终端的当前上行发送定时通常与终端预计要切换进的新小区不匹配。因此，为了建立与新小区的同步，终端必须执行类似于随机接入的过程。不过，这是一次非竞争的随机接入，终端可以使用专门分配给它的资源而不必担心冲突，专用资源仅用于与新小区建立同步。因此，仅需要随机接入过程的前两个步骤，即发送前导码和相应的随机接入响应——它为终端提供更新的发送定时。

6.2 分布单元

下面简要介绍分布单元（Distributed Unit，DU）中各协议实体的功能，后续章节将作更详细的描述。

无线链路控制（Radio-Link Control，RLC）负责数据分段和重传。RLC 以 RLC 信道的形式向 PDCP 提供服务。每个 RLC 信道（对应每个无线承载）针对一个终端配置一个 RLC 实体。与 LTE 相比，NR 中的 RLC 不支持数据按序递交给更高的协议层，这是为了减少时延。

媒体接入控制（Medium-Access Control，MAC）负责逻辑信道的复用、HAARQ 重传以及调度和调度相关的功能。用于上行和下行链路的调度功能居于 gNB 中。MAC 以逻辑信道的形式向 RLC 提供服务。NR 改变了 MAC 层的报头结构，从而相对于 LTE 来说，可以更有效地支持低时延处理。

物理层（Physical Layer）负责编解码、调制、解调、多天线映射以及其他典型的物理层功能。物理层以传输信道的形式向 MAC 层提供服务。

6.2.1　无线链路控制

RLC 协议负责将来自 PDCP 的 RLC SDU 分割为适当大小的 RLC PDU，它还对错误接收的 PDU 进行重传处理，以及删除重复的 PDU。根据服务类型，RLC 可以配置为以下三种模式之一：透明模式、非确认模式和确认模式，以实现部分或全部这些功能。顾名思义，透明模式是透明的，并且不添加报头，非确认模式支持分段和重复检测，而确认模式还额外支持错误数据包的重传。

与 LTE 相比，一个主要差异是 RLC 不能确保向上层按序递交 SDU，从RLC 中删除按序递交功能会减少总的时延，因为后续数据包不必等待之前的数据包（可能由于丢失，还在底层进行重传），就直接递交给高层进行处理。另一个区别是从 RLC 协议中去掉级联功能，从而在收到上行链路调度授权之前，可以预先组装 RLC PDU，这也有助于减少整体时延。

分段功能是 RLC 的主要功能之一。作为 NR 低时延特性的整体设计方案的一部分，对于上行传输，调度决策会在数据决策即将开始之前（大约几个OFDM 符号的时间长度之前）告知终端。在 LTE 级联的情况下，在获知调度决策之前无法组装 RLC PDU，这会导致额外的时延，因此不能满足 NR 的低时延要求。通过从 RLC 中去掉级联，可以预先组装 RLC PDU，并且在接收到调度决策时，终端仅需将适当数量的 RLC PDU 转发到 MAC 层，而该数量取决于调度的传输块大小。为了完全填充该传输块，最后一个 RLC PDU 可以只包含 SDU 的一段。分段的操作很简单，在接收到调度授权时，终端把填充传输块所需的数据包含进去，并更新报头以指明它是分段的 SDU。

RLC 重传机制还负责向更高层提供无差错的数据传送，为此，在接收机和发射机中的 RLC 实体之间运行有重传协议。通过监测接收到的 PDU 报头中所指示的序列号，接收 RLC 可以识别丢失的 PDU（RLC 序列号独立于 PDCP 序列号），然后状态报告被反馈给发送方的 RLC 实体，以请求重发丢失的 PDU。基于所接收到的状态报告，发射机的 RLC 实体可以做出适当的反应并在需要时重新发送丢失的 PDU。

尽管 RLC 能够处理由于噪声、不可预测的信道变化等引起的传输错误，但是在大多数情况下，无差错传输是由基于 MAC 的 HARQ 协议来处理。因此，在 RLC 中使用重传机制似乎是多余的。但是，实际并非如此，事实上，反馈信令的不同决定了要使用基于 RLC 和 MAC 的两种重传机制。

6.2.2　媒体接入控制

MAC 层负责逻辑信道复用、HARQ 重传、调度以及与调度相关的功能，包括处理不同的参数集。当使用载波聚合时，它还负责跨多个分量载波的数据复用和解复用。

1. 逻辑信道和传输信道

MAC 以逻辑信道的形式向 RLC 提供服务。逻辑信道由其携带的信息类型定义，通常分为控制信道——用于传输 NR 系统运行所需的控制和配置信息，以及业务信道——用于用户数据。NR 的逻辑信道类型包括：

- 广播控制信道（Broadcast Control Channel，BCCH），用于从网络向小区中的所有终端发送系统信息。在接入系统之前，终端需要获取系统信息以了解系统的配置方式以及在小区内正常运行所需遵守的规则。请注意，在非独立组网模式下，系统信息是由LTE系统提供的，NR没有BCCH。

- 寻呼控制信道（Paging Control Channel，PCCH），用于寻呼网络中所在小区信息未知的终端。因此，寻呼消息需要在多个小区中发送。请注意，在非独立组网模式下，寻呼由LTE系统提供，NR没有PCCH。

- 公共控制信道（Common Control Channel，CCCH），用于在随机接入

的时候传输控制信息。

● 专用控制信道（Dedicated Control Channel，DCCH），用于在网络和终端之间传输控制信息。该信道用于单独配置一个终端，例如配置各种参数。

● 专用业务信道（Dedicated Traffic Channel，DTCH），用于在网络和终端之间传输用户数据。这是一个用于传输所有的单播上下行用户数据的逻辑信道类型。

　　LTE 系统中通常也存在上述的逻辑信道并且功能类似。但是，LTE 还为 NR 中尚未支持的功能（但可能会在即将发布的版本中引入）提供额外的逻辑信道。

　　物理层以传输信道的形式为 MAC 层提供服务。传输信道是由信息通过无线接口传输的方式和特性来定义的。传输信道上的数据被组织成传输块（Transport Block）。在每个传输时间间隔（Transmission Time Interval，TTI）中，最多一个大小动态可变的传输块通过无线接口发送到终端或者由终端发出（在多于四层的空分复用的情况下，每个 TTI 有两个传输块）。

　　每个传输块有一个相关联的传输格式（Transport Format，TF），它指定了如何通过无线接口传送传输块。传输格式包括传输块的大小、调制编码方式以及天线映射的信息。通过改变传输格式，MAC 层可以实现不同的数据速率，这一过程称为传输格式选择（Transport Format Selection）。

　　NR 定义了以下传输信道类型：

● 广播信道（Broadcast Channel，BCH）具有固定的传输格式，由3GPP 规范指定。它用于传输部分BCCH系统信息，更具体地说即主信息块（Master Information Block，MIB）。

● 寻呼信道（Paging Channel，PCH）用于传输PCCH逻辑信道的寻呼信息。PCH支持不连续接收（Discontinuous Reception，DRX），允许终端只在预先定义的时刻醒来接收PCH信息，从而节省电池电量。

● 下行共享信道（Downlink Shared Channel，DL-SCH）是用于在NR中传

输下行数据的主要传输信道。它支持NR的关键特性，例如时域和频域中的动态速率自适应和信道相关调度、具有软合并的HARQ和空分复用，它也支持DRX以降低终端功耗，同时也提供始终在线的体验。DL-SCH还用于传输未映射到BCH的部分BCCH系统信息（参见上面的广播信道）。每个终端在其连接的每个小区中都有一个DL-SCH，从终端的角度来看，在接收系统信息的那些时隙中，存在一个额外的DL-SCH。

● 上行共享信道（UL-SCH）是DL-SCH的上行对应信道，即用于传输上行数据的上行链路传输信道。

此外，尽管不承载传输块，随机接入信道（Random-Access Channel，RACH）也被定义为传输信道。

MAC 功能的一部分是对不同逻辑信道的复用以及逻辑信道到相应的传输信道的映射。逻辑信道类型和传输信道类型之间的映射如图 6-6 所示，该图清楚地表明 DL-SCH 和 UL-SCH 是下行链路和上行链路主要的传输信道。图 6-6 中还包括相应的物理信道（后面会有进一步的描述），并且展示了传输信道和物理信道之间的映射。

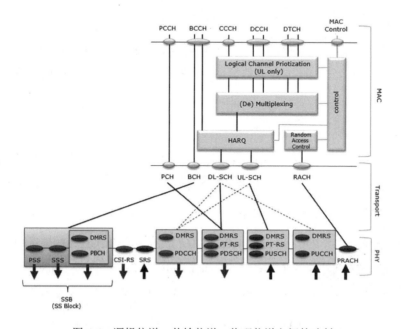

图 6-6　逻辑信道、传输信道、物理信道之间的映射

为了支持优先级处理，MAC 层可以将多个逻辑信道复用到一个传输信道上，其中每个逻辑信道拥有自己的 RLC 实体。在接收端，MAC 层负责相应的解复用并将 RLC PDU 转发至它们各自的 RLC 实体中。为了支持接收端的解复用，需要使用 MAC 报头。与 LTE 相比，MAC 报头的放置方式得到了改进，这是为了进一步支持低时延。所有的 MAC 报头信息不再固定放置在 MAC PDU 的开始处——这意味着 MAC PDU 的组装不能在调度决策明确之前开始，而是把对应于某个 MAC SDU 的子报头直接放在该 SDU 之前。这就使得在接收到调度决策之前可以对 PDU 进行预处理。如果有必要，可以附加填充比特使传输块大小与 NR 中所支持的传输块大小保持一致。

子报头包含接收 RLC PDU 的逻辑信道的逻辑信道标识（LCID）和 PDU 的长度（以字节为单位），还有一个指示长度为指示器大小的标志以及一个供将来使用的预留比特。

除了复用不同的逻辑信道，MAC 层还可以将 MAC 控制信元插入到传输块中，并通过传输信道传输。MAC 控制信元用于带内控制信令，并用 LCID 字段中的预留值标识，其中 LCID 值指示控制信息的类型。取决于它们的具体用法，固定和可变长度的 MAC 控制信元都有支持。对于下行传输，MAC 控制信元位于 MAC PDU 的开始处，而对于上行传输，MAC 控制信元位于填充（如果存在）之前的末尾处。同理，这种放置方式是为了方便终端的低时延工作。

如上所述，MAC 控制信元用于带内控制信令。它提供了比 RLC 更快的发送控制信令的方式，而不必受制于物理层 L1/L2 的控制信令（PDCCH 或 PUCCH）在有效净荷大小和可靠性方面的限制。以下为用于各种目的的多个 MAC 控制信元：

- 与调度相关的 MAC 控制信元，如用于协助上行调度的缓存状态报告和功率余量报告，以及在配置半持续调度时使用的可配置的授权确认 MAC 控制信元。

- 随机接入相关的 MAC 控制信元，例如 C-RNTI 和竞争解决 MAC 控制信元。

- 定时提前 MAC 控制信元，处理定时提前量。

● 激活/去激活先前的配置。

● 与DRX相关的MAC控制信元。

● 激活/去激活PDCP重复检测。

● 激活/去激活CSI报告和SRS传输。

在载波聚合的情况下，MAC 实体还负责在不同分量载波之间或者小区之间分发来自每个流的数据。载波聚合的基本原理是分量载波在物理层是被分别处理的，包括控制信令、调度和 HARQ 重传，同时载波聚合在 MAC 层之上也是不可见的。因此，载波聚合主要体现在 MAC 层，如图 6-7 所示，其中逻辑信道（包括所有 MAC 控制信元）被复用以形成每个分量载波的传输块，每个分量载波有自己的 HARQ 实体。

载波聚合和双连接都可以使终端连接到多个小区。尽管它们之间存在某种相似性，但本质上还是有差异的，主要看不同小区之间是如何密切协作的以及它们是否位于相同的 gNB 中。

载波聚合意味着非常紧密的协作，所有小区属于同一个 gNB，通过一个联合调度器对终端连接的所有小区进行共同的调度决策。

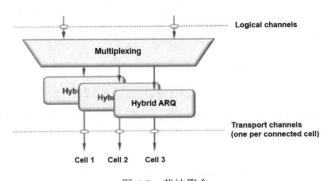

图 6-7　载波聚合

双连接则允许小区间更松散的协作方式，不同小区可以属于不同的 gNB，甚至不同的无线接入技术，比如非独立组网模式下的 NR-LTE 双连接的情形。

载波聚合和双连接还可以结合起来，这也是引入主小区组和辅小区组这两个术语的原因。在每个小区组中，可以使用载波聚合。

2. 调度

NR 无线接入的一个基本原则是共享信道传输，即在用户之间动态共享时频资源。调度器（scheduler）是 MAC 层的一部分（不过通常看作是单独的实体），它以频域中的资源块（resource block）以及时域中的 OFDM 符号和时隙为单位来控制上下行链路资源的分配。调度器的基本工作方式是动态调度，其中 gNB 通常每个时隙进行一次调度决策，并将调度信息发送给所选择的一组终端。尽管每个时隙调度是通常情况，但是调度决策和实际数据传输并不局限于必须在时隙边界处开始或者结束。突破这一限制对于低时延以及未来会使用到的非授权频谱都非常有帮助。上行和下行的调度在 NR 中是分开的，而且上行和下行调度决策可以彼此独立地进行（在半双工的情况下受制于双工方式的限制）。下行调度器负责（动态地）控制对哪些终端进行发送，以及这些终端用于传输其 DL-SCH 的资源块集。传输格式选择（传输块大小的选择、调制方式和天线映射）和下行传输的逻辑信道复用是由 gNB 控制的。上行调度器功能类似，即（动态地）控制哪些终端将在它们各自的 UL-SCH 上进行发送以及为此使用哪些上行的时频资源（包括分量载波）。尽管 gNB 调度器决定终端的传输格式，不过需要指出的是，上行调度决策并没有显式地对逻辑信道做调度，而是由终端来完成。因此，虽然 gNB 调度器控制被调度终端的净荷，但是，从哪一个或哪几个无线承载来获取数据则是由终端根据一组规则（其参数可以由 gNB 配置）来选择的。gNB 调度器控制传输格式，而终端控制逻辑信道复用。

尽管调度策略依赖具体的产品实现并且 3GPP 对此没有做特别的规定，不过一般而言，大多数调度器的总体目标是利用终端之间的信道变化，优先选择当下处于较有利的时频域信道条件下的终端进行传输，这通常称作信道相关调度（Channel-Dependent Scheduling）。

信道状态信息（Channel-State Information，CSI）为下行信道相关调度提供支持。CSI 是由终端报告给 gNB 的，反映了时频域中当前的下行信道质量，以及空分复用的情况下，对天线做适当的处理所需的信息。对于上行，如果 gNB 想要估计某些终端的信道质量以便进行信道相关调度，所需的信道状态信息可以基于该终端所发送的探测参考信号（Sounding Reference Signal）来获得。为了帮助上行调度器做决策，终端可以使用 MAC 控制信元将缓存状态和功率余量信息发送给 gNB，不过，仅当终端获得有效的调度授权时，才能传送此信息，否则，作为上行 L1/L2 控制信令结构的一部分，终端需要提供一个指示，表明自己需要上行的资源。

虽然动态调度是基本的工作模式，但是在没有动态授权的情况下，也存在发送和接收的可能性，以减少控制信令的开销。此时，下行和上行的方式会有所不同。在下行中，使用的是类似于 LTE 中的半持续调度方案。终端会事先收到一个半静态调度模式的配置通知，然后在 L1/L2 控制信令激活之后——该控制信令还包括诸如要使用的时频资源和调制编码方式等参数，该终端根据预先配置的模式开始接收下行数据的传输。

在上行中，有两种略有不同的方式，称作类型 1 和类型 2，区别在于如何进行激活。在类型 1 中，RRC 配置所有参数，包括要使用的时频资源和调制编码方式，然后终端根据配置的参数激活上行传输。另外，类型 2 类似于半持续调度，由 RRC 配置调度模式，然后使用 L1/L2 信令完成激活，该信令包含所有必要的传输参数（除了周期是由 RRC 信令提供的）。类型 1 和类型 2 的一个共同点是，终端只在有数据要传输时才在上行发送。

3. 带软合并的 HARQ

带软合并的 HARQ 对传输差错具有鲁棒性。由于 HARQ 重传速度很快，许多业务容许一次或多次重传，因此 HARQ 形成了隐式（闭环）的速率控制机制。HARQ 协议是 MAC 层的一部分，实际的软合并由物理层处理。

并非所有类型的业务都适用于 HARQ，例如广播传输，相同的信息旨在传送给多个终端，通常不依赖 HARQ，因此，HARQ 仅用于 DL-SCH 和 UL-SCH，当然最终的使用取决于 gNB 的具体实现。

HARQ 协议使用与 LTE 类似的多个并行的停止—等待进程。当接收到传输块时，接收机尝试对传输块进行解码，并通知发射机解码的结果，这是通过一个 1 比特的确认位来实现的，它指示解码是否成功或者是否需要重传传输块。显然，接收机需要知道所接收的确认与哪一个 HARQ 进程相关联。这可以通过确认信息和某个 HARQ 进程的定时关系来解决，或者在同时发送多个确认的情况下，通过识别确认信息在 HARQ 码本中的位置来解决。

异步 HARQ 协议既用于上行也用于下行，也就是说，需要一个显式的 HARQ 进程号来指示它所对应的是哪个进程。在异步 HARQ 协议中，对重传的调度原则上与对初传的调度类似。所以使用异步上行协议而非 LTE 的同步协议，是支持动态 TDD 所必需的，因为动态 TDD 没有固定的上行、下行配置。它的另一个优点是为数据流和终端之间的优先级处理提供了更好的灵活性，这有利于未来对非授权频谱的扩展。

NR 最多可支持 16 个 HARQ 进程。之所以比 LTE 支持更大的 HARQ 进程数，是考虑到射频拉远单元的可能性——它会引起一定的前传时延，以及高频时更短的持续时间。不过需要注意的是，更大的 HARQ 进程数并不意味着更长的环回时延，因为并非要使用所有的进程，它只是可能的进程数量的上限。

对终端使用多个并行的 HARQ 进程，可能导致数据在 HARQ 机制下不再能够按序递交。对于许多应用来说这是可以接受的，否则，也可以通过 PDCP 协议提供按序递送。在 RLC 协议中不提供按序递交是为了减少等待时间。

与 LTE 相比，NR 中的 HARQ 机制的一个增强功能是码块组（CodeBlock Groups，CBG）重传，这一增强对于非常大的传输块或者一个传输块被另一个优先级较高的传输干扰时有益处。作为物理层信道编码的一部分，传输块被分割成一个或多个码块，纠错编码应用在最大为 8448 bit 的每个码块中，以便保持信道编码合理的复杂度。因此，即便对于适中的数据速率，每个传输块也可以有多个码块，而在"Gbps"数据速率下，每个传输块可以有数百个码块。在许多情况下，特别是如果干扰是突发性的并且只干扰了少量时隙中的 OFDM 符号，传输块中可能只有少量码块遭到破坏，而大多数码块被正确接收。所以为了正确接收传输块，只要重新传送错误的码块就可以了。同时，如果 HARQ 机制需要对单个码块进行寻址，则控制信令的开销将会太大，因此就提出了 CBG 这个概念。如果配置了 CBG 重传，则每个 CBG 会提供反馈，从而仅有错误接收的码块组会被重传。这比重新传输整个传输块消耗更少的资源。尽管 CBG 重传是 HARQ 机制的一部分，但它对 MAC 层是不可见的，实际上是在物理层中进行处理的，个中原因不是技术性的，而是完全与 3GPP 规范的结构相关。从 MAC 的角度来看，在正确接收所有的 CBG 之前，传输块不能算是已正确接收。在同一个 HARQ 进程中，不能将属于某个传输块的新 CBG 的传输和属于另一个错误接收传输块的 CBG 的重传混在一起。

HARQ 机制能够快速纠正由噪声或不可预测的信道变化引起的传输差错。如前所述，RLC 也可以请求重传。乍一看这似乎是没必要的，不过，通过反馈信令可以一窥存在两个重传机制的端倪：HARQ 可以提供快速重传，但由于反馈中存在错误，残留错误率通常太高以至于不能确保提供比较好的 TCP 性能；RLC 可以确保几乎无差错的数据递交，但是它比 HARQ 协议的重传要慢。因此，HARQ 和 RLC 一起，就可以提供一个有吸引力的短环回时间和可靠数据递交的组合。

6.2.3 物理层

物理层负责编码、物理层 HARQ 处理、调制、多天线处理以及将信号映射到相应的物理时频资源上。它还负责传输信道到物理信道的映射，如第 6.2.2 节中图 6-7 所示。

物理层以传输信道的形式向 MAC 层提供服务，上下行链路中的数据传输分别使用 DL-SCH 和 UL-SCH 传输信道类型。在 DL-SCH 或 UL-SCH 中的每个 TTI 上，一个终端最多有一个传输块（在下行链路多于四层的空分复用的情况下，最多有两个传输块）。在载波聚合的情况下，终端可以看到每个分量载波有一个 DL-SCH（或 UL-SCH）。

一个物理信道对应一组用来传送一个特定传输信道的时频资源，每个传输信道映射到相应的物理信道上，如第 6.2.2 节中图 6-6 所示。有的物理信道具有对应的传输信道，有的物理信道没有对应的传输信道。后者称作 L1/L2 控制信道，用于传送下行控制信息（Downlink Control Information，DCI）（即为终端提供用于正确接收和解码下行数据传输的必要信息）和上行控制信息（Uplink Control Information，UCI）（为调度器和 HARQ 协议提供关于终端状况的信息）。

NR 定义了以下物理信道类型：

- 物理下行共享信道（Physical Downlink Shared Channel，PDSCH），用于单播数据传输的主要物理信道，也用于传输寻呼信息、随机接入响应消息和部分系统信息。

- 物理广播信道（Physical Broadcast Channel，PBCH），承载终端接入网络所需的部分系统信息。

- 物理下行控制信道（Physical Downlink Control Channel，PDCCH），用于传输下行控制信息，主要是调度决策，用于接收PDSCH的必要信息以及用于使能PUSCH上传输的调度授权。

- 物理上行共享信道（Physical Uplink Shared Channel，PUSCH），是PDSCH的上行对应信道。每个终端的每个上行分量载波最多有一个PUSCH。

- 物理上行控制信道（Physical Uplink Control Channel，PUCCH），终端使用它来发送HARQ确认，以便向gNB指示是否已成功接收下行传输块，发送信道状态报告以协助下行信道相关调度，以及请求发送上行数据的资源。

- 物理随机接入信道（Physical Random-Access Channel，PRACH），用于随机接入。

请注意，用于下行或上行控制信息的物理信道（PDCCH 和 PUCCH）没有相应的传输信道映射。

6.3　射频单元

众所周知，硬件白盒化是 O-RAN 的重要特征之一，与软件白盒类似，硬件白盒就是把无线接入网的设备硬件内部的各个主要模块（软件／硬件）的接口进行解耦并标准化定义。这样做的目的是为了解决移动通信基站硬件研发一直以来由少数几个厂家独有的问题，通过白盒化以及参考设计可以引入更多的厂家参与研发，降低设备成本。虽然 3GPP 长期以来在进行接口开放，软硬件解耦的标准化工作，但是涉及无线接口特别是 DU&RU 接口时一直受到较大阻力，O-RAN 标准力图解决上述问题（通过前传 M-Plane 等接口）。

对于有一定覆盖要求的场景，DU 和 RU 分布式的设备以及部署方式相较于 DU&RU 一体化部署方式将会有较大的效率提升、当然这种分布式架构已经广泛应用于 4G 中。这种架构和最主要理念源于"小区共享"，也就是通过前传网关使得大量的射频单元能够共享一个小区的频谱。

下文主要介绍了 O-RAN 标准中基于 3GPP 5G 标准的小站在 RAN 协议栈不同切分方式时、DU 与 RU 分离时设备的 RU 硬件参考架构设计。RAN 协议站的切分方式主要包括了 $Option_6$、$Option_{7-2}$ 以及 $Option_8$ 三种方案。

6.3.1　室内型皮站O-RU$_{7-2}$硬件架构

$O\text{-}RU_{7-2}$ 由三个主要单元组成，即数字处理单元、射频处理单元和定时单元。以太网接口符合 O-RAN WG4 开放式 fronthaul 接口。$O\text{-}RU_{7-2}$ 可直接与 $O\text{-}DU_{7-2}$ 连接或通过 $FHGW_{7-2}$ 连接。虽然 $O\text{-}RU_{7-2}$ 硬件默认支持 NR，但不排除 LTE。

1. 室内型皮站 $O\text{-}RU_{7-2}$ 架构图

$O\text{-}RU_{7-2}$ 硬件架构包括处理所有数字信号和接口处理的数字处理单元和处理所有模拟信号的射频处理单元。在数字处理模块之后将有一个收发器，它在数字信号和模拟信号之间进行转换，并进行混频。然后 PA/LNA 将射频信号放大，天线将用于通过空中发射和接收信号。至少有一个可用的以太网端口用作 O-RAN 前传接口，$O\text{-}RU_{7-2}$ 架构图如图 6-8 所示。

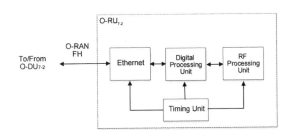

图 6-8　O-RU$_{7-2}$ 架构图

2. 室内型皮站 O-RU$_{7-2}$ 功能模块说明

如图 6-9 所示为 O-RU$_{7-2}$ 功能模块，该模块支持带有拆分选项 Option$_{7-2}$ 的 O-RAN 前端。至少有一个接口端口支持所有的前端接口和 PoE 功能。O-RU$_{7-2}$ 的数字处理单元模块主要负责 FFT/iFFT、CP 添加 / 去除、PRACH 滤波等低 PHY 功能。数字数据处理采用了数字下变频（DDC）、数字上变频（DUC）、峰值因子降低（CFR）和数字预失真（DPD）。为了减少带宽，O-RU$_{7-2}$ 架构还支持跳频接口的可选压缩和解压缩功能。射频处理单元由以下模块组成：收发器、功率放大器（PA）/ 低噪声放大器（LNA）和天线。收发器具有模数转换器（ADC）、数模转换器（DAC）和混合功能。定时单元包括锁相环（PLL），本地振荡器和其他定时同步电路。

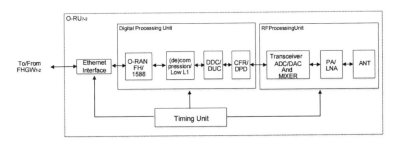

图 6-9　O-RU$_{7-2}$ 功能模块示意图

6.3.2　室内型皮站 O-RU$_6$ 硬件架构

O-RU$_6$ 可以部署在集成或拆分架构中，使用由小蜂窝论坛（Small Cell

Forum）的 FAPI 或 nFAPI 接口定义的 MAC/PHY 拆分。

1. 室内型皮站 O-RU$_6$ 体系结构图

O-RU$_6$ 由三个主要单元组成，分别是数字处理单元、射频处理单元和时钟单元，如图 6-10 所示。Option$_6$ 被称为小蜂窝论坛（Small Cell Forum）定义的 PHY 和 MAC 之间的接口，通过图 6-10 所示的以太网前端接口进行传输。

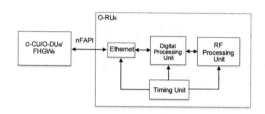

图 6-10　O-RU$_6$ 架构示意图

2. 室内型皮站 O-RU$_6$ 功能模块介绍

O-RU$_6$ 主要模块如图 6-11 所示。

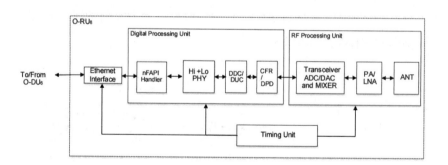

图 6-11　O-RU$_6$ 功能模块示意图

数字处理单元处理传输 / 接口，完整的 PHY（低和高 PHY 功能）调制解调器处理，数字下变频器（DDC），数字上变频器（DUC），峰值因子降低（CFR）和数字预失真（DPD）。

射频处理单元由负责诸如模数转换器（ADC）、数模转换器（DAC）和混频器等功能的收发器模块、包含功率放大器（PA）/ 低噪声放大器（LNA）的放大模块组成，用于收发电磁波等还可作为天线子系统。O-RU$_6$ 可以使用以太网供电（PoE）来降低部署复杂性。

时序单元包括锁相环（PLL）、本地振荡器和时序同步电路。

6.3.3　室内型皮站O-RU$_8$硬件架构

O-RU$_8$ 硬件架构类似于 6.3.2 节所述的 O-RU$_{7-2}$。主要的功能差异在于前传接口功能和物理层功能。注意，在拆分选项 Option$_8$ 架构中，所有 PHY 功能都在 O-DU$_8$ 中执行。数字信号处理模块将理解功能差异并进行相应调整。在这种情况下，射频处理模块是相同的。

1. 室内型皮站 O-RU$_8$ 架构示意图

完整的 O-RU$_8$ 架构如图 6-12 所示。O-RU$_8$ 采用 CPRI 作为前端接口，CPRI 接口应作为白盒参考设计文件的一部分。可编程数字信号处理模块处理所有的 I/Q 数据样本处理、管理和控制功能。收发器模块执行从模拟到数字的无线电信号转换。

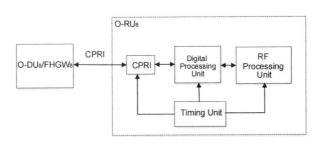

图 6-12　O-RU$_8$ 架构图

2. 室内型皮站 O-RU$_8$ 功能模块介绍

如图 6-13 所示为 O-RU$_8$ 支持 Option$_8$ 拆分架构示例的功能框图。CPRI 接口应作为白盒（Whitebox）参考设计文件的一部分。

可编程数字信号处理模块处理所有 I/Q 数据样本处理、管理和控制功能。

因此，O-RU$_8$ 内部至少应有铜或光纤接口，以支持 CPRI 协议的传输。O-RU$_8$ 的数字处理单元负责 CPRI 协议处理、数字下变频器（DDC）、数字上变频器（DUC）、峰值因子降低（CFR）和数字预失真（DPD）、射频处理单元与 O-RU$_{7-2}$ 和 O-RU$_6$ 相同。收发器模块包括模数转换器（ADC）、数模转换器（DAC）和混频器。模拟模块包括功率放大器（PA）/ 低噪声放大器（LNA）等。时序单元包括锁相环（PLL）、本地振荡器和其他时序同步电路。

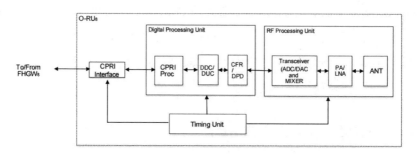

图 6-13　O-RU$_8$ 功能模块示意图

6.3.4　室内型皮站DU与RU一体化硬件架构

所谓一体化架构也就是 O-DU 和 O-RU 被集成在一个白盒中。DU 模块将支持基站所有 L1 和 L2 的功能。

1. 室内型皮站一体化架构示意图

如图 6-14 所示为一体化 DU 架构。一体化 DU 包含一个数字处理单元，一个 RF 处理单元和一个时钟单元。集成 DU 通过 F1 接口与 CU 相连接。

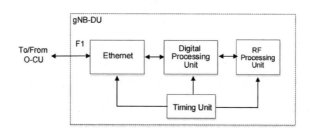

图 6-14　一体化 DU 架构图

2. 室内型皮站一体化 DU 功能模块介绍

如图 6-15 所示为一体化 DU 功能模块图。以太网接口将 F1 接口与 CU 相连接。数字处理单元包含 RLC/MAC 处理、物理层处理、ADC/DAC 模块以及 CFR/DPD 模块。RF 处理单元包括收发信机、ADC/DAC、混频器、PA/LNA/RF 滤波器以及天线。时钟单元包括 PLL、本地振荡器以及其他时序同步电路。其内部使用的硬件接口包括了 PCIe、SPI、JESD 等。

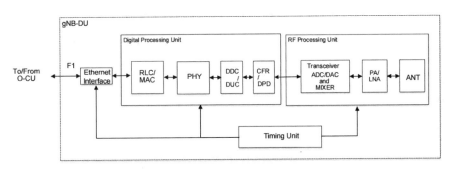

图 6-15　一体化 DU 功能模块图

6.3.5　室内型皮站 O-RU$_x$ 通用要求

O-RU$_x$ 的通用要求适用于所有的射频单元，而不考虑拆分选项。在室内环境中，O-RU$_x$ 硬件放置在覆盖建筑的单元或墙壁上，它将基带信号转换为射频信号或反之，以提供覆盖。

O-RU$_x$ 的性能要求涵盖无线电单元的所有方面，包括频段、天线配置、功率效率等。O-RU$_x$ 相关性能参数如表 6-1 所示。

表 6-1　O-RU$_x$ 性能要求

参　数	需　求	描　述	优先级
工作频带	n2，n4，n5，n13，n41，n48，n66，n77，n78，n79	射频频段	高
信道带宽	高达 100MHz（DL+UL）	频带宽度	
天线模式	2T2R	发送 / 接收天线数	高
	4T4R		高

141

参　　数	需　　求	描　　述	优 先 级
输出功率精度	正常情况下：±2dB	功率精度	高
输出功率	少于 -89dBm/MHz	发射功率水平	高
最大输出功率时的 EVM	64QAM：EVM 小于 5% 256QAM：EVM 小于 3.5%	最大输出功率	高
邻信道泄露抑制比	ACLR 满足 3GPP TS 38.104 标准 中 6.6.4.2.4 节定义的 B 类限制	邻信道泄露抑制比	高
射频杂散	射频杂散必须满足 3GPP TS 38.104 标准中 6.6.4.2.4 节定义的 B 类限制	射频杂散频信号	高
接收机灵敏度	吞吐量应 ≥ G-FR1-A1-5 参考测量通道最大吞吐量的 95%，参考灵敏度水平应不高于 -94dBm	接收器能够识别和处理的最弱信号	高
阻塞	在信道选择中，ACS、带内阻塞、带外阻塞、IMD 等接收机规格必须遵循 3GPP 准则，在各种干扰信号及相应电平下，允许参考灵敏度最多降低 6dB	频道选择相关要求	高
其他规格	除上述 RF 规格外，其他 RF 规格必须符合要求	要遵守的附加标准	高
下行调制方式	QPSK、16-QAM、64-QAM、256-QAM	DL 调制方案	高
上行调制方式	π/2-BPSK、QPSK、16-QAM、64-QAM	UL 调制方案	高
	256QAM		中等
输出功率	O-RU$_x$ 的额定输出功率为 0.5W.2T2R	射频辐射功率	高
	O-RU$_x$ 的额定输出功率为 1W.2T2R		高
	O-RU$_x$ 的额定输出功率为 1W.4T4R		低

O-RU$_x$ 的接口要求如表 6-2 所示。

表 6-2　O-RU$_x$ 接口要求

参　　数	需　　求	描　　述	优 先 级
接口数量	基于支持的切分选项，O-RU$_x$ 必须支持一种前传接口	前传连接的数量	高

O-RU$_x$ 的环境和 EMC 要求如表 6-3 所示。

表 6-3 O-RU$_x$ 环境和 EMC 要求

参 数	需 求	描 述	优 先 级
接口数量	基于支持的切分选项，O-RU$_x$ 必须支持一种前传接口	前传连接的数量	高
安装方法	墙壁和天花板安装	安装要求	高
接地	O-RU$_x$ 必须支持联合接地方式，接地电阻小于 10Ω 时能正常工作	接地要求	高
EMC	符合 3GPP TS 38.113 标准的要求	电磁兼容性要求	高

O-RU$_x$ 的机械、温湿度和电源要求如表 6-4 所示。

表 6-4 O-RUx 机械、温湿度和电源要求

参 数	需 求	描 述	优 先 级
接口数量	基于支持的切分选项，O-RU$_x$ 必须支持一种前传接口	前传连接的数量	高
重量	O-RU$_x$ 的总重量必须小于 3kg	重量要求	高
体积	O-RU$_x$ 的体积必须小于 3L	测量的尺寸	高
稳定性	O-RU$_x$ 的失败率不得超过 2%	稳定度要求	高
功耗	满载时，功耗不得超过 40W.2T2R	电源要求	高
	满载时，功耗不得超过 50W.4T4R		高
电源	O-RU$_x$ 必须支持隔离 POE 供电，或支持隔离光纤供电，并采用一体化电源线供电	电源支持要求	高
防护级别	O-RU$_x$ 的防护等级相当于 IP31 标准	防护等级	高
温度和湿度	O-RU$_x$ 必须在以下条件中操作和存储： 温度：−5℃ ～ +55℃ 湿度：5% ～ 95%	环境温度和湿度要求	高
大气压	O-RU$_x$ 必须在 70 ～ 106kPa 的大气压下正常工作	操作大气压力要求	高
冷却方式	自然散热	冷却系统的要求	高

6.3.6 室内型皮站O-RU$_x$切分选项具体要求

除适用于所有射频单元类型的通用要求外，以下部分列出了仅适用于指定切分选项的所有特定需求。

- O-RU$_{7-2}$特定要求：O-RU$_{7-2}$必须有一个RJ45或SFP 10Gbps以太网接口作为前端接口。O-RU$_{7-2}$必须支持底层物理层功能。

- O-RU$_6$特定要求：O-RU$_6$必须至少有一个RJ45 10Gbps以太网接口或至少一个10Gbps光接口。在某些情况下，根据与较小的空中接口带宽相关的前端传输吞吐量，1Gbps或2.5Gbps以太网或光纤接口可能足够，具体取决于系统运营商的要求。应支持SCF 5G nFAPI。满负荷时，功耗不应超过IEEE802.3at/PoE+的限值25.5W。

- O-RU$_8$的具体要求：O-RU$_8$必须至少有一个用于CPRI接口SFP 10Gbps光纤接口。

6.3.7　室外型微站O-RU$_{7-2}$硬件架构

室外型微站 O-RU$_{7-2}$ 硬件主要包括四个模块，分别是数字处理单元、RF 处理单元、天线单元和时钟单元，如图 6-16 所示。其以太网接口满足 O-RAN 工作组 4 的开放前传接口标准要求。O-RU$_{7-2}$ 可以通过 FHGW$_{7-2}$ 与其他的 O-RU$_{7-2}$ 直接相连。默认的室外型微站 O-RU$_{7-2}$ 支持 5G NR，不排除支持 LTE。

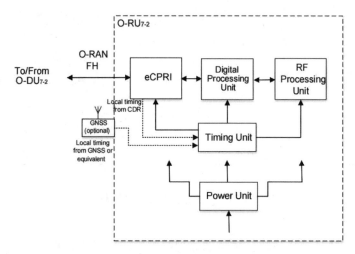

图 6-16　室外型微站 O-RU$_{7-2}$ 架构图

1. 室外型微站 O-RU$_{7-2}$ 架构图

O-RU$_{7-2}$ 硬件中的数字处理单元主要负责所有的数字信号处理，以及接口处理。RF 处理单元主要负责所有模拟部分的功能。数字处理单元后连接的每条收发信机的数字转换模块负责将数模转换。频率转换单元或者混频器用于将基带或者中频信号转换为射频信号以及反向的工作。PA/LNA 放大器将放大 RF 信号，天线模块用于收发空口的电磁信号。RU 中至少保留一个以太网接口支持 O-RAN 的前传接口。

2. 室外型微站 O-RU$_{7-2}$ 功能模块说明

在图 6-17 中，展示了基于 7-2x 切分标准的 O-RAN 前传接口的 O-RU$_{7-2}$ 各个功能模块。其至少包含一个以太网接口用以支持所有的前传结构功能以及 PoE 功能。其中数字处理单元负责如 FFT/IFFT、CP 添加 / 删除之类的 low-PHY 功能。数字下变频（DDC）、数字上变频（DUC）、消峰（CFR）、数字预失真（DPD）功能也统一由数字处理单元承担。对于带宽削减，O-RU$_{7-2}$ 架构也支持前传接口可选的压缩解压缩功能。ADC/DAC 负责数字以及模拟信号的双向转换，这个模块可置于数字单元或射频单元中。RF 处理单元包含一个可选的混频器、功率放大器、低噪放大器以及收发信机。天线模块包含了物理天线、射频馈电网络以及校正网络。时钟单元包含了所需的时钟、频率同步功能。

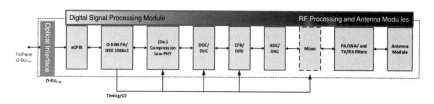

图 6-17　O-RU$_{7-2}$ 功能模块图

6.3.8　室外型微站O-RU$_x$通用要求

下列的 O-RU$_x$ 性能要求中包括了射频单元的所有方面，包括支持频带、天线配置、能效等，详见表 6-5。

表 6-5　室外型微站 O-RUx 性能要求

参　　数	需　　求	描　　述	优 先 级
工作频带	n77	射频频段	高
	n2，n4，n13，n41，n48，n66，n78，n79		低
信道带宽	≤ 200MHz	频带宽度	
天线模式	4T4R	发送 / 接收天线数	高
	最高到 16T16R		低
输出功率精度	正常情况下：±2dB	射频静默期间功率	高
射频静默	少于 −89dbm/MHz	发射功率水平	高
最大输出功率时的 EVM	64QAM：EVM 小于 8% 256QAM：EVM 小于 3.5%	最大输出功率	高
邻信道泄漏抑制比	ACLR 满足 3GPP TS 38.104 标准中 6.6.4.2.4 节定义的 B 类限制。	邻信道泄漏抑制比	高
射频杂散	射频杂散必须满足 3GPP TS 38.104 标准中 6.6.4.2.4 节定义的 B 类限制	射频杂散频信号	高
接收机灵敏度	吞吐量应≥ 95% 参考 G-FR1-A1-5 参考测量通道最大吞吐量，参考灵敏度水平应不高于 −95.6dBm	接收器能够识别和处理的最弱信号	高
阻塞	在信道选择中，ACS、带内阻塞、带外阻塞、IMD 等接收机规格必须遵循相应的 3GPP 准则，在各种干扰信号及相应电平下，允许参考灵敏度最多降低 6dB	信道选择相关要求	高
下行调制方式	QPSK、16-QAM、64-QAM、256-QAM	下行调制方案	高
上行调制方式	π/2-BPSK、QPSK、16-QAM、64-QAM	上行调制方案	高
	256QAM		中
输出功率	4T4R 每端口最大 10W	射频输出功率	高

室外型微站 O-RU$_x$ 环境适应性及电磁兼容要求如表 6-6 所示。

表 6-6　室外型 O-RUx 环境适应性及电磁兼容要求

参　　数	需　　求	描　　述	优 先 级
安装方法	屋顶 / 建筑物外侧面 / 墙面 / 杆	安装要求	高
接地	O-RU$_x$ 必须支持联合接地方式，接地电阻小于 10Ω 时能正常工作	接地要求	高
EMC	符合 3GPP TS 38.113 标准的要求	电磁兼容性要求	高

室外型微站 O-RU$_x$ 的机械、温湿度和电源要求如表 6-7 所示。

表 6-7　室外型微站 O-RUx 机械、温湿度和电源要求

参　　数	需　　求	描　　述	优 先 级
重量	4T4R：总重需要小于 13kg	重量要求	高
尺寸	4T4R 的尺寸需要小于 345×250×130（mm） 体积小于 12L	测量的尺寸	高
稳定性	O-RU$_x$ 的 MTBF 必须大于 200000h	稳定度要求	高
功耗	4T4R 满载时，功耗不超过 218W	电源要求	高
电源	直流 -48VDC（-48 ~ -57V）（可接交直转换器） 或者支持交流 220V 电源，电压范围 140 ~ 300V，频率范围 45~ 65Hz	电源支持要求	高
防护级别	O-RU$_x$ 的防护等级相当于 IP65 标准	防护等级	高
温度和湿度	O-RU$_x$ 必须在以下条件中运行： 温度：-40~ +55℃ 湿度：5% ~ 95%	环境温度和湿度要求	高
大气压	O-RU$_x$ 必须在 70~106kPa 的大气压下正常工作	操作大气压力要求	高
冷却方式	自然散热	冷却系统的要求	高

6.3.9　室内型皮站前传接口网关FHGW$_{7-2}$（Option$_{7-2}$之间互联）

前传网关（Front Haul Gateway）是用于连接 O-DU 和 O-RU 之间的可选设备，其作用主要是汇聚射频设备。在本书中后向前传接口用于描述网关与 O-DU 之间的连接，前向前传接口用于描述网关与 O-RU 之间的连接。

对于室内型皮站，FHGW$_{7-2}$ 为所有无线单元的 8 个上行 / 下行链路流量执行聚合 / 分配功能。FHGW$_{7-2}$ 有一个与 O-DU$_{7-2}$ 连接的高层接口，一个与 O-RU$_{7-2}$ 连接的低层接口。这两个接口都是基于 O-RAN WG4 定义的前传接口。FHGW$_{7-2}$ 默认支持 NR，但不排除 LTE。

1. FHGW$_{7-2}$ 架构图

如图 6-18 所示为 FHGW$_{7-2}$ 的结构图。信号处理单元是 FHGW$_{7-2}$ 的关键部件，它处理所有上行和下行流量的组合和分配。信号处理块可以是 FPGA 或其他数字处理单元。后端和前端的前传接口都是以太网。在前端方向，有一个广播功能，用于连接具有相同小区 ID 的 O-RU$_{7-2（s）}$ 和级联的 FHGW$_{7-2}$，还有一个解复用功能，用于连接具有不同小区 ID 的 O-RU$_{7-2（s）}$ 和 FHGW$_{7-2}$。在后端方向，

来自连接的 O-RU$_{7-2\,(s)}$ 和具有相同小区 ID 的 FHGW$_7$2 的所有信号可以被合并。

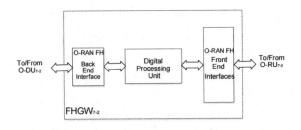

图 6-18　FHGW$_{7-2}$ 模块图

2. FHGW$_{7-2}$ 功能模块介绍

如图 6-19 所示为 FHGW$_{7-2}$ 功能模块图，主要组成部分包括：

● 数字处理单元：处理所有计算和信号处理功能。

● POE++：基于以太网供电。

● DC/DC：承担直流转换功能。

● CLK：提供时钟信号。

● Memory：提供板上的数据存储功能。

● SPI：为闪存设备提供接口。

● Debug Interface：调试接口。

● Ethernet：用于互联O-RU$_{7-2}$和O-DU$_{7-2}$。

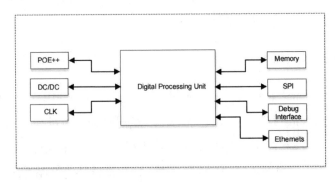

图 6-19　FHGW$_{7-2}$ 功能模块图

6.3.10 室内型皮站前传接口网关FHGW（Option$_{7-2}$与Option$_8$之间互联）

FHGW$_{7-2 \to 8}$同时承担射频流量汇聚及协议翻译的功能。

1. FHGW$_{7-2 \to 8}$架构图

如图 6-20 所示为 FHGW$_{7-2 \to 8}$ 的架构。对于 FHGW$_{7-2 \to 8}$，数字处理单元可以与 6.3.9 节所述相同。对于 FHGW$_{7-2 \to 8}$，后传接口是以太网，而前传接口是 CPRI。数字处理单元块应进行前传和后传接口之间的协议转换。

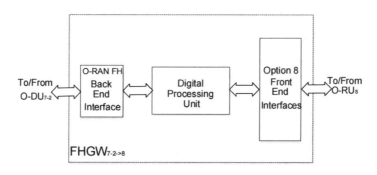

图 6-20 FHGW$_{7-2 \to 8}$ 的架构图

2. FHGW$_{7-2 \to 8}$功能模块介绍

如图 6-21 所示是 FHGW$_{7-2 \to 8}$ 功能模块图。有一个 25G SFP+ 端口用于后端连接，一个 25G SFP+ 端口用于级联连接，8 个 10G CPRI 端口用于前端连接。前端接口还支持通过 POE++ 为 O-RU$_8$（s）远程供电。在前向，FHGW$_{7-2 \to 8}$ 可以通过级联的 FHGW$_8$ 将一个 O-DU$_{7-2}$ 连接到其他 O-RU$_8$（s），支持相同或不同的小区 ID。然而，它也可以支持解复用功能，以连接具有不同小区标识的 O-RU$_8$（s）。在后端方向，来自具有相同小区标识的连接 O-RU$_8$ 的所有信号通过 FHGW$_{7-2 \to 8}$ 向 O-DU$_{7-2}$ 合并。

由于 FHGW$_{7-2 \to 8}$ 使用不同的前端接口，它将在前端和后端之间翻译前端协议。FHGW$_{7-2 \to 8}$ 也应提供低物理层功能。

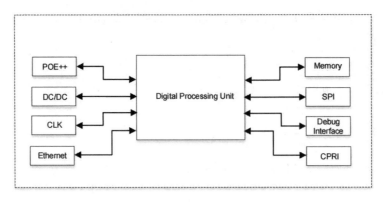

图 6-21　FHGW$_{7\text{-}2\rightarrow8}$ 功能模块图

主要组成部分包括：

● 数字处理单元：处理所有计算和信号处理功能。

● POE++：基于以太网供电。

● DC/DC：承担直流转换功能。

● CLK：提供时钟信号。

● Memory：提供板上的数据存储功能。

● SPI：为闪存设备提供接口。

● Debug Interface：调试接口。

● Ethernet：用于互联O-DU$_{7\text{-}2}$和FHGW$_{7\text{-}2\rightarrow8}$。

● CPRI：用于提供前传接口的FHGW$_{7\text{-}2\rightarrow8}$与O-RU$_8$之间的连接。

6.3.11　室内型皮站前传接口网关FHGW（Option$_8$之间互联）

对于 Option$_8$ 之间的互联的网关，前后向的接口都基于 CPRI 协议。

1. FHGW$_8$ 架构图

如图 6-22 所示为 FHGW$_8$ 架构。前端和后端接口都是 CPRI。数字处理单元处理 I/Q 采样和所有接口处理。FHGW$_8$ 还为 O-RU$_8$ 提供远程供电功能，并可选择与其他 FHGW$_8$ 进行级联。

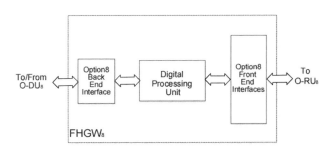

图 6-22 FHGW$_8$ 架构图

2.FHGW$_8$ 功能模块介绍

如图 6-23 所示是 FHGW$_8$ 的功能模块图，主要承担 Option$_8$ CPRI 交互。如图 6-23 图所示，有一个 25G SFP+ 端口用于后端连接 O-DU$_8$，一个 25G SFP+端口用于级联连接，还有 8 个 10G 端口用于前端连接。所有这些端口都支持 CPRI，而前端端口进一步支持 O-RU$_8$ 连接的远程供电。在前端方向，有一个广播功能，用于连接具有相同小区 ID 的 O-RU$_8$ 和级联的 FHGW$_8$，还有一个解复用功能，用于连接具有不同小区 ID 的 O-RU$_8$ 和 FHGW$_8$。在后端方向，来自连接的具有相同小区 ID 的 O-RU$_8$ 的所有信号可以被合并到 O-DU$_8$。

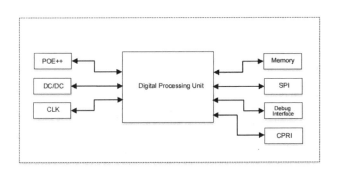

图 6-23 FHGW$_8$ 功能模块图

FHGW$_8$ 主要组成部分包括：

● 数字处理单元：处理所有计算和信号处理功能。

- POE++：基于以太网供电。

- DC/DC：承担直流转换功能。

- CLK：提供时钟信号。

- Memory：提供板上的数据存储功能。

- SPI：为闪存设备提供接口。

- Debug Interface：调试接口。

- CPRI：用于桥接 O-DU$_8$ 与 O-RU$_8$。

6.3.12　室内型皮站FHGW$_x$通用技术要求

在许多情况下，前传网关被用作射频单元的汇聚点，以及为 O-RU 提供电源。FHGW$_x$ 通常部署在靠近 O-RU 的地方（例如，室内覆盖，即部署在同一楼层或同一建筑物内的多个射频单元小于 100 米）。FHGWx 将流量从 O-DU$_x$ 分配到每个 O-RU$_x$，它在将流量发送到 O-DU$_x$ 之前将所有无线电的上行链路流量合并。使用 FHGW$_x$ 的好处包括射频流量聚合和向射频单元集中供电。当 O-DU$_x$ 和 O-RU$_x$ 使用不同的前传接口时，FHGW$_x$ 可以作为前传协议转换器，例如从 eCPRI 到 CPRI。

1. FHGW$_x$ 性能

FHGW$_x$ 的性能要求见表 6-8。

表 6-8　FHGW$_x$ 的性能要求

参　　数	需　　求	描　　述	优先级
传输距离	采用 POE 供电时传输距离应小于 100M； 采用光电同缆时传输距离应小于 200M	有线传输距离	高

2. FHGW$_x$ 接口

FHGW$_x$ 的接口要求见表 6-9。

表 6-9　FHGW$_x$ 的接口要求

参　数	需　求	描　述	优先级
接口	FHGW$_x$ 必须具备至少 2 个前传接口，一个用于连接 O-DU$_x$ 另一个用于连接第二个 FHGW$_x$	前传接口数量	高
	FHGW$_x$ 必须支持 8 个 O-RUx 连接，并通过 POE 或光纤向 O-RUx 供电		高
级联	FHGW$_x$ 必须支持与其他 FHGW$_x$ 的级联	FHGWx 之间的拓扑连接	高

3. FHGW$_x$ 环境及电磁兼容

FHGW$_x$ 的环境及电磁兼容要求见表 6-10。

表 6-10　FHGW$_x$ 的电磁兼容要求

参　数	需　求	描　述	优先级
安装方式	支持墙面及室内顶面安装	安装方式	高
接地	FHGW$_x$ 支持联合接地，接地电阻小于 10Ω 时可以正常工作	FHGWx 接地要求	高
EMC	满足 3GPP 38.113 相关标准要求	电磁兼容要求	高

4. FHGW$_x$ 机械、温湿度及供电

FHGW$_x$ 的机械、温湿度及供电要求见表 6-11。

表 6-11　FHGW$_x$ 的机械、温湿度及供电要求

参　数	需　求	描　述	优先级
功耗	静态功耗（未连接其他）不超过 55W	功耗要求	高
尺寸	应能安装至 19 英寸机柜，不超过 2U	尺寸	高
噪音	正常环境温度下（25 摄氏度），噪声不超过 40 分贝，极端条件下（40 摄氏度）不超过 45 分贝	噪声要求	高
温度和湿度	FHGWx 必须在以下条件中运行： 温度：-5℃ ～ +55℃ 湿度：15% ～ 85%	环境温度和湿度要求	高
大气压	O-RU$_x$ 必须在 70 ～ 106kPa 的大气压下正常工作	操作大气压力要求	高

第7章 O-RAN 云化

本章将介绍 O-RAN 云平台的架构设计以及相关接口。结合第 3 章中的 O-RAN 云平台简介，本章将详细介绍 O-RAN 云平台的架构、用例和场景，并给出相关的接口功能等。该章节包括以下三个主要部分：

● 云平台架构、用例和场景。

● O2接口功能及服务。

● O-Cloud Notification接口功能。

7.1 云平台

本节介绍了 O-RAN 云平台，主要包括云计算架构简介，O-RAN 云平台的架构和关键概念，以及 O-RAN 云平台的基础用例和部署场景。

7.1.1 云计算架构

云计算（Cloud computing）是继 20 世纪 80 年代由大型计算机向客户端 / 服务器（C/S）模式大转变后，信息技术的又一次革命性变化。2006 年 8 月 9 日，Google 首席执行官 Eric Schmidt 在搜索引擎大会（SES San Jose 2006）上首次提出云计算概念。云计算是网格计算、分布式计算、并行计算、效用技术、网络存储、虚拟化和负载均衡等传统计算机和网络技术发展融合的产物。其目的是通过基于网络的计算方式，将共享的软件 / 硬件资源和信息进行组织整合，按需提供给计算机和其他系统使用。

电信运营商业逐步开始涉足云计算服务。AT&T 于 2008 年 8 月基于 Vmware 等技术推出 Synaptic 主机按需托管业务，并于 2009 年 5 月推出基于 EMC 的 Synaptic Storage 存储服务。Verizon 于 2009 年 6 月联合 Redhat 推出了 Computing as a Service（CaaS）托管服务。British Telecom 则于 2009 年推出 Virtual Data Center（VDC）服务。

通用的云计算架构可划分为基础设施层、平台层和软件服务层三个层次。对应名称为 IaaS、PaaS 和 SaaS，如图 7-1 所示。

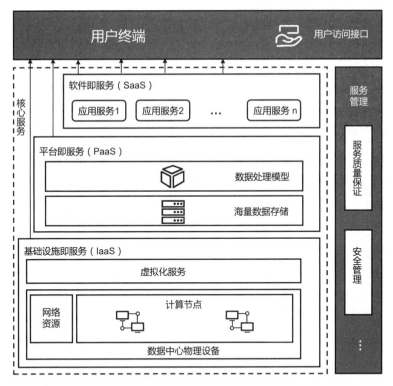

图 7-1　云计算架构图

IaaS，Infrastructure as a Service，中文名为基础设施即服务。主要包括计算机服务器、通信设备、存储设备等，能够按需向用户提供计算能力、存储能

力或网络能力等 IT 基础设施类服务，也就是能在基础设施层面提供服务。IaaS
能够得到成熟应用的核心在于虚拟化技术，通过虚拟化技术可以将计算设备统
一虚拟化为虚拟资源池中的计算资源，将存储设备统一虚拟化为虚拟资源池中
的存储资源，将网络设备统一虚拟化为虚拟资源池中的网络资源。当用户订购
这些资源时，数据中心管理者直接将订购的份额打包提供给用户，从而实现了
IaaS 服务。

PaaS，Platform as a Service，中文名为平台即服务。如果以传统计算机
架构中"硬件 + 操作系统 / 开发工具 + 应用软件"的观点来看，云计算的平
台层应该提供类似操作系统和开发工具的功能。实际上也的确如此，PaaS 定
位于通过互联网为用户提供一整套开发、运行和运营应用软件的支撑平台。
就像在个人计算机软件开发模式下，程序员可能会在一台装有 Windows 或
Linux 操作系统的计算机上使用开发工具开发并部署应用软件。Microsoft
Azure、Google App Engine 和 Hadoop，是业界广泛认可的 3 种典型的
PaaS 平台。

SaaS，Software as a Service，软件即服务。简单地说，就是一种通过互联
网提供软件服务的软件应用模式。在这种模式下，用户不需要再花费大量投资
用于硬件、软件和开发团队的建设，只需要支付一定的租赁费用，就可以通过
互联网享受到相应的服务，而且整个系统的维护也由厂商负责。典型的 SaaS
应用包括 Google Apps、Salesforce CRM 等。Google Apps 包括 Google Docs、
GMail 等一系列 SaaS 应用。

7.1.2 O-Cloud架构

为了实现 O-RAN "白盒化"以及"开放"的目标，在 O-RAN 架构中引入
了云平台（O-Cloud），通过 O-Cloud 软硬件解耦的方法将 O-RAN 架构构建在
通用硬件上，降低了 O-RAN 对专用硬件的依赖，O-Cloud 在整个 O-RAN 架构
中的位置如图 7-2 所示。

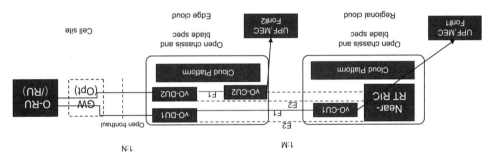

图 7-2　O-RAN 架构中的 O-Cloud

O-Cloud 是一个云计算平台，由一组满足 O-RAN 要求的物理基础设施节点组成，以托管相关的 O-RAN 功能（即，Near-RT RIC、O-CU-CP、O-CU-UP 和 O-DU）、支持相关的软件组件（如操作系统、虚拟机监视器、容器运行时等）以及满足以下条件的相应管理和编排功能：

- 输出用于云和工作负载管理的O-RAN O2 接口，以提供基础设施发现、注册、软件生命周期管理、工作负载生命周期管理、故障管理、性能管理和配置管理等功能。

- 将O-RAN加速器抽象层API输出到O-RAN工作负载以进行硬件加速器管理。

- 将O-Cloud Notification 接口输出到O-RAN 工作负载，以便向工作负载通知关键通知。

- 满足O-RAN 云架构和部署场景规范中描述的一个或多个部署场景及其相关要求以及O-RAN 发布的后续详细场景规范。

O-RAN 云平台架构则是在通用的三层云计算架构基础上根据 O-RAN 具体的功能特性，对云架构各个层次做了进一步的实例化，如图 7-3 所示。

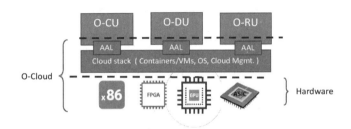

图 7-3　O-Cloud 架构

- 硬件层（即基础设施层），O-Cloud既要满足对无线接入网控制面、用户面的业务需求，同时也要满足智能化服务及操作维护管理的需求，因此在硬件层除了通用x86平台以外，还要有专用的FPGA、ASIC以及GPU等基础设施。

- 中间层（即平台层），O-Cloud的中间层主要包括云堆栈功能、操作系统平台、云管理功能以及加速抽象层功能等。

- 支持虚拟RAN功能的顶层（即软件服务层），O-RAN业务服务主要是由顶层来完成的，主要包括了O-CU、O-DU、O-RU。

一般来讲O-RAN云平台（O-Cloud）有如下特征：

- O-RAN云平台是提供云计算能力以执行RAN网络功能的一组硬件和软件组件。

- 云平台硬件包括计算、网络和存储组件，还可能包括RAN网络功能所需的各种加速技术，以满足其性能目标。

- 云平台软件公开了开放的、定义良好的API，可以对网络功能的整个生命周期进行管理。

- 云平台软件与云平台硬件分离（即软硬件解耦，软、硬件可以从不同的供应商处采购。这里包含了两层含义：一方面，云堆栈可以在多个供应商的硬件上工作，即不需要特定供应商的硬件；另一方面，云平台能够支持来自多个RAN软件供应商的RAN虚拟化功能，即不需要特定供应商的软件）。

此外，对于5G的不同应用场景，对时延、速率、可靠性、接入用户数量等业务需求的不同，可能会导致上层虚拟RAN功能的拆分方式、硬件层设备资源组合以及网络部署方式等方面的显著不同，在网络构建过程中需要根据实际应用场景需求进行灵活调整。

图7-4描述了一个O-Cloud架构需要包含的组件需求：

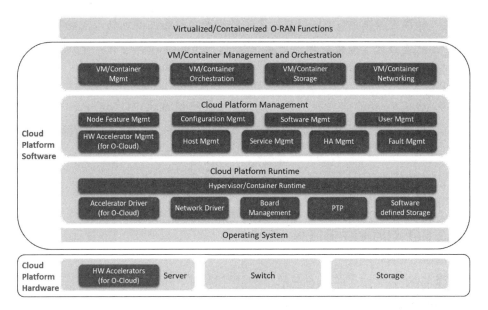

图 7-4　O-Cloud 架构组件

从图 7-4 可以看出 O-Cloud 需要通过提供一系列的云平台硬件和云平台软件为 O-RAN 云化网络功能（O-DU、O-CU、Near-RT-RIC 等）提供服务。

云平台硬件包括服务器、交换机、存储等云硬件资源，对于边缘云来说，为了降低时延，还需要增加硬件加速设备，一般情况下硬件加速设备常见的有 FPGA、DSP、ASIC、GPU 等，并通过这些硬件加速设备为 O-RAN 云化网络功能提供 LDPC、前向纠错、端到端物理层、安全算法、智能加速等硬件加速服务。

云平台软件包含了操作系统、云平台内存管理、云平台管理、虚拟机 / 容器管理与编排等：

● 操作系统：一般在O-Cloud中会使用Linux操作系统。

● 云平台内存管理用来提供托管O-RAN功能所需额外的云平台内存管理功能，主要包括O-Cloud加速器驱动程序、网络驱动程序、加载管理、精确时间协议功能、软件定义存储、虚拟机/容器内存管理等服务组件。

● 云平台管理用来提供O-Cloud平台生命周期管理、高可用性、故障管理和配置所需的O-Cloud基础设施管理等功能，主要包括节点特性管理、配置管理、软件管理、用户管理、O-Cloud加速器管理、主机管理、服务管理、高可用性管理、故障管理等服务组件。

● 虚拟机/容器管理和编排：在O-Cloud中通常使用OpenStack来实现虚拟机部署，使用Kubernetes来实现容器部署，主要包括虚拟机/容器管理、虚拟机/容器编排、虚拟机/容器存储、虚拟机/容器网络连接等服务组件。

7.1.3 O-Cloud关键概念

O-RAN 云平台（即 O-Cloud）一般是指位于一个或多个位置的 O-Cloud 资源池的集合，以及用于管理托管在其中的节点和部署的软件。O-Cloud 需要能够支持部署平面和管理服务的功能，并为其范围内的所有 O-Cloud 资源池提供一个单一的逻辑参考点。

如图 7-5 所示，一个 O-Cloud 实例主要包括 O-Cloud 资源池、部署平面、部署管理服务、基础设施管理服务、O2 接口等内容。

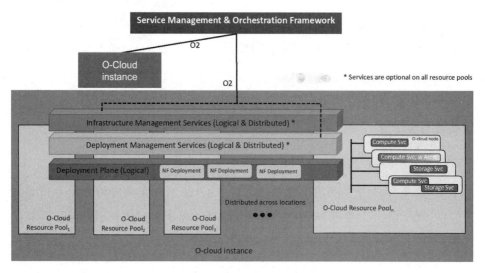

图 7-5　O-Cloud 实例

O-Cloud 资源池是一个位置上具有同质配置文件的 O-Clouds 节点的集合，可用于管理服务或部署平面功能。网络功能部署到资源池的分配由 SMO 决定。O-Cloud 节点是 CPU、存储器、NIC、加速器、BIOS 等的集合，可以将其视为服务器。每个 O-Cloud 节点将提供一个或多个服务。O-Cloud 节点服务是指给定节点可能支持的功能。包括部署平面的计算、存储和联网（比如，与用户面相关的功能，如 O-RAN 网络功能等），也可以包含可选的加速功能，同时还可以包含管理服务等。

O-Cloud 部署平面是一个逻辑概念，它利用 O-Cloud 资源池中的 O-Cloud 节点来实现 O-Cloud NF 部署。O-Cloud NF 部署是云主机网络功能（全部或部分）、网络功能内共享资源或网络功能之间共享资源的部署。网络功能部署功能提供创建网络功能部署所需的云主机网络功能配置和组织用户面资源，并为其提供从创建到删除的全生命周期管理。O2 接口是 O-Cloud 平台向 SMO 提供的服务及其相关接口的集合。

7.1.4　O-Cloud基础用例

该节中的用例描述了 SMO 如何发现和管理满足 O-RAN 规范的云实现，如同 O-RAN 虚拟化 RAN 的云架构和部署场景中所述。该云实例由 O-Cloud 节点（计算、存储和网络）、O-Cloud 的专用资源组成。O-Cloud 基础用例主要包括：

（1）O-Cloud 预部署处理用例：在激活 O-Cloud 之前，为 SMO 配置 O-Cloud 的身份，以便可以完成注册。在 SMO 的一系列"服务请求"中，一个用于部署 O-Cloud，另一个用于在该 O-Cloud 实例上运行网络功能。SMO 被配置为在 O-Cloud 本身被激活并尝试向 SMO 注册之前将 O-Cloud 添加到其库存中。

（2）O-Cloud 平台软件安装用例：本用例描述了 O-Cloud 的部署和 O-Cloud 平台软件在 O-Cloud 节点上由 SMO 和 IMS 安装基本平台软件。Cloud Installer 通过安装 O-Cloud 节点的硬件来通知 SMO 开始 Cloud Build 安装。然后 SMO 在 O-Cloud 中的第一个 O-Cloud 节点上加载 O-Cloud 平台软件，然后在 O-Cloud 中启动任何其他 O-Cloud 节点。

在激活其他 O-Cloud 节点期间，O-Cloud 管理平面会激活 IMS，然后通知 SMO 其可用性。然后，SMO 向 IMS 发送所需的一组 O-Cloud 节点角色和个性以进行支持。IMS 将 O-Cloud 所需的基本软件加载到其他 O-Cloud 节点上，并配置和激活一个或多个 DMS。

（3）O-Cloud 注册和初始化用例：本用例描述了新部署的 O-Cloud 的注册和初始化顺序。O-Cloud 向 SMO 注册并检查其身份和软件版本。SMO 向 O-Cloud 查询其软件库存，检查是否需要任何更新，配置 O-Cloud 并查询 O-Cloud 以获取可用的 DMS。按照此注册和初始化顺序，O-Cloud 可用于实例化的 NF 部署。

（4）O-Cloud 存储更新用例：本用例描述了 SMO 和 O-Cloud 使用 O2 基础设施库存服务，更新有关其类型和当前能力的库存信息的过程，包括资源构建配置、容量、利用率和可用性。此过程最初在部署 O-Cloud 时调用，以后可以调用来识别 O-Cloud 功能的变化。可能有两种模式，一种是使用来自 SMO 的查询/响应来获取当前能力，例如，在实例化新的 NF 部署之前，SMO 查询/响应 O-Cloud 来获取当前能力；另一种是在能力状态发生变化时由 O-Cloud 的自主指示触发发送能力状态变化。

（5）O-Cloud 后期部署的硬件基础架构扩展用例：在初始部署 O-Cloud 之后，可能需要扩展资源。此用例描述了 SMO 发现和管理一个新的 O-Cloud 节点，该节点已连接并通电成为现有 O-Cloud 的一部分。

（6）O-Cloud 平台软件升级用例：本用例描述了将新平台软件添加到 O-Cloud 的软件升级。跨运营商网络的边缘云部署范围可以在 10K 到 100K 范围内。对于基于 VM 和容器的工作负载，需要在不中断服务的情况下执行滚动 O-Cloud 软件升级。在一个区域内，可能需要以串行方式升级所有边缘 O-Cloud，以最大程度地减少潜在的中断，或者以并行方式同时升级一个区域中一定数量的边缘 O-Cloud。单个边缘 O-Cloud 的计算和存储节点也可以串行或并行无中断方式升级。在单个 O-Cloud 中，IMS 在软件升级之前从受影响的 O-Cloud 节点迁移网络功能部署，以避免服务中断（在此用例中，假设 IMS 自主执行此操作）。从 SMO 的角度来看，将边缘 O-Cloud 的升级策略卸载，区域和本地控制器将大大降低升级复杂性。O-Cloud 升级的故障处理至关重要。个别节点在升级过程中可能会发生故障，需要更换。

7.1.5　O-Cloud部署场景

O-RAN 架构中设计了 Near-RT-RIC、O-CU、O-DU、O-RU 等多个网络逻辑功能，以及各个逻辑功能之间明确的接口（E2、F1、开放前传接口等多个接口），但是并不意味着这些逻辑功能块必须在单独的 O-RAN 物理 NF 或者 O-RAN 云化 NF 中实现，在实际部署中可以在单个 O-RAN 物理 NF 或者 O-RAN 云化 NF 中实现多个逻辑功能，比如 O-DU 和 O-RU 可以打包成一个设备来提供服务；同时，各个逻辑功能之间的接口也可以根据不同的部署方式采用不同的物理形态，比如，O-DU、O-RU 分置在不同设备的情况下，开放前传接口在物理形态上成为光纤传输/网络传输等物理传输接口，而在 O-DU、O-RU 打包为一个设备的情况下，开放前传接口就成为了设备上不同模块之间的接口，在物理形态上就成为了设备内部总线接口。

但是，不管是什么样的部署方式，这些逻辑功能及接口均应符合 O-RAN 标准化的要求。在实际网络部署的过程中，根据不同的场景需求，可以采用不同的部署方式，比如，在远端前传接口传输容量有限，同时对时延有一定要求的情况下，可以通过将 O-CU 部署在区域云平台而 O-DU 部署在边缘云的方式，使一个 O-CU 可以集中管理多个 O-DU，通过这种方式既可以提升系统传输带宽又可以满足时延要求。再比如，在对时延要求极高的情况下，可以将 O-DU、O-RU 打包在一个设备中部署在离用户最近的远端节点上，这样可以极大地提升业务传输时延。

在 O-RAN WG6 的 O-Cloud 架构标准文档中根据 O-RAN 中 Near-RT-RIC、O-CU、O-DU、O-RU 等逻辑功能载体 O-Cloud 的部署远近以及逻辑功能间接口的形态，描述了 7 种部署方式，分别对应不同的部署场景。

图 7-6 给出了这七种部署方式的总体概览。

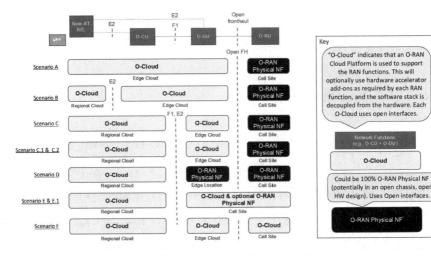

图 7-6　O-Cloud 部署方式

1. 场景 A

近实时 RIC、O-CU、O-DU 功能通过虚拟化部署在同一个边缘云平台上，相互之间的接口（E2 和 F1 等）均在该边缘云平台上实现，O-RU 通过前传接口（光纤等物理传输连接设备）与云平台中的 O-DU 连接；边缘云平台中的一个 vO-DU 可以与多个 O-RU 连接，如图 7-7 所示。

此方案支持在具有丰富前传容量的密集城市地区进行部署，从而允许将 BBU 功能集中在具有足够低延迟的中央位置，以满足 O-DU 延迟要求。此外，如果存在可选的前传网关，则它与无线电单元之间的接口可能不满足 O-RAN 前传要求（例如，它可能是选项 8 接口），在这种情况下可以参考无线电单元作为"RU"，而不是"O-RU"。但是，如果前传网关可以支持选项 8 等接口，则 O-RU 将支持选项 8。

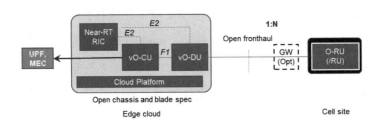

图 7-7　部署场景 A

2. 场景 B

近实时 RIC 部署在区域云平台，O-CU、O-DU 通过虚拟化部署在边缘云平台上并通过云间的 E2 接口（光纤等物理传输连接设备）连接。O-RU 通过前传接口（光纤等物理传输连接设备）与边缘云平台中的 O-DU 连接；一个近实时 RIC 可以和边缘云中的多个 vO-CU/vO-DU 进行连接，同时边缘云中的一个 vO-DU 可以和多个 O-RU 连接。O-CU 和 O-DU 功能在边缘云硬件平台上虚拟化，O-CU 和 O-DU 网络功能之间的接口在同一个云平台内。此方案解决了在远程前传容量有限且 vO-CU/vO-DU 功能可支持的 O-RU 数量有限情况下，仍可以满足 O-DU 延迟的区域部署要求。在架构中使用前传网关可以节省在 O-RU 和 vO-DU 功能之间传输的成本。

此场景又分为 NR 独立部署和 NR 与 eNB 混合部署两种场景，如图 7-8 和图 7-9 所示。

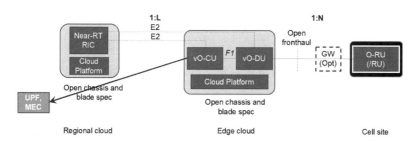

图 7-8　部署场景 B：NR 独立部署

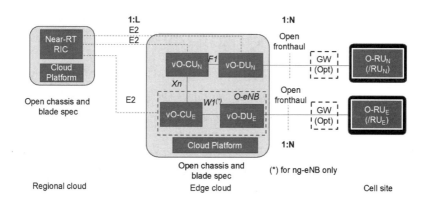

图 7-9　部署场景 B：NR 和 eNB 混合部署

NR 与 eNB 混合部署由 MR-DC（inter-RAT NR/E-UTRA）方案提供，该方案扩展了对云平台的要求，以额外支持 E-UTRA 网络功能和所需的接口 Xn，开放前传接口和 W1 接口。3GPP TS 37.470 中定义的 W1 接口仅适用于连接到 5G 核心网络的 E-UTRA 节点，即 3GPP TS 38.300 和 TS 38.401 中定义的 ng-eNB。此外，MR-DC（inter-RAT NR/E-UTRA）场景还包括通过将 Xn 接口正确替换为互连 E-UTRA 的 X2 接口来实现 EPC 连接的 E-UTRA-NR 双连接节点（eNB）和 NR 节点（en-gNB），有可能仅针对 en-gNB 利用 vO-CU/vO-DU 功能拆分。

在此部署场景下，有多个 O-RU 分布在一个区域中，由可以满足延迟要求的集中式 vO-DU 功能提供服务。通常设计为每个 O-DU 支持小于 64 个 TRP。该部署场景下，近实时 RIC 进一步集中，以允许基于更全局的视图（例如，单个大都市区域）进行优化，并减少需要管理的单独近实时 RIC 实例的数量。该用例支持在相对密集的城市环境中混合小型蜂窝和宏蜂窝的户外部署。这可以支持 mmWave 以及 Sub-6G 场景的部署。

3. 场景 C

近实时 RIC 和 vO-CU 部署在区域云平台，O-DU 通过虚拟化部署在边缘云平台，包括硬件加速器功能。O-DU 通过云间的 E2、F1-c、F1-u 等接口（光纤等物理传输连接设备）连接。O-RU 通过前传接口（光纤等物理传输连接设备）与边缘云平台中的 O-DU 连接。一个近实时 RIC 可以和边缘云中的多个 vO-DU 进行连接，同时边缘云中的一个 vO-DU 可以和多个 O-RU 连接，如图 7-10 所示。近实时 RIC 和 O-CU 网络功能之间的接口在同一个云平台内。区域云与边缘云的接口为 F1，并支持近实时 RIC 到 O-DU 的 E2 接口。

此场景支持在远程前传容量有限的位置进行部署。该场景中 O-RU 分布在一个限制区域，并且 O-RU 数量满足 O-DU 延迟要求。O-CU 网络功能被进一步汇集，以提高它与近实时 RIC 网络功能共享的硬件平台效率。在此场景中，使用前传网关可以显著节省在 O-RU 和 vO-DU 功能之间传输的成本。但是，如果一种服务类型的 O-CU 延迟要求比其他服务更严格，那么这可能会严重限制区域云支持的 O-RU 数量，或者需要一种方法分离此类服务的处理。这将在以下 C.1 和 C.2 场景中进一步讨论。

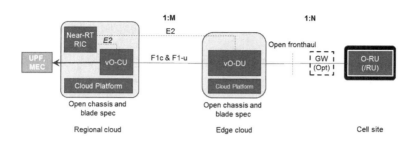

图 7-10　部署场景 C

场景 C 可以根据实际应用需求进行灵活调整。场景 C 可细分为场景 C.1 和场景 C.2，如图 7-11 和图 7-12 所示。

场景 C.1 是场景 C 的一种变体，是针对不同类型的业务流量（或网络切片）具有不同的延迟要求进行的场景 C 变体。特别是，URLLC 对用户平面延迟的要求更高。在场景 C.1 中，所有 O-CU 控制都放在区域云中，所有网络切片都有一个 vO-DU。只有 vO-CU-CP 的位置不同，其具体取决于网络切片。

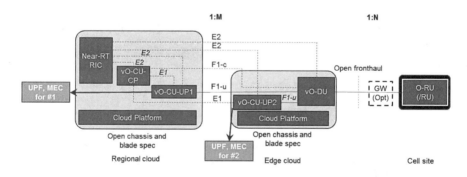

图 7-11　部署场景 C.1

场景 C.2 是场景 C 的另一种变体，场景 C.2 将一些 vO-CU 用户平面功能放置在边缘云中，另一些 vO-CU 用户平面功能放置在区域云中。但是，不是所有网络切片都有一个 vO-DU，而是边缘云中有不同的 vO-DU 实例。

场景 C.2 是由以下两个驱动因素进行的场景 C 变体：

（1）一个驱动因素是运营商之间的 RAN（O-RU）共享。在这个用例中，任何运营商都可以在边缘或区域云站点灵活地启动 vO-CU 和 vO-DU 实例。例如，运营商 #1 和运营商 #2 共享 O-RU。运营商 #1 想要在区域云中启动 vO-CU1 实例，并在对向的边缘云站点启动 vO-DU1 实例。另一方面，运营商 #2 希望在同一个区域云站点上安装 vO-CU2 和 vO-DU2 实例。

（2）另一个驱动因素是，即使在单个运营商内，该运营商也可以根据网络切片类型自定义调度程序功能，并且可以根据网络切片类型放置 vO-CU 和 vO-DU 实例。例如，运营商可以在边缘云站点启动 vO-CU 和 vO-DU 以提供 URLLC 服务。

该场景在多运营商部署的用例具有以下优点和缺点：

● 优点：

■ RU 共享可以降低总拥有成本。

■ 灵活的 CU/DU 位置允许部署不仅考虑服务要求，还考虑每个站点的空间或功率限制。

● 缺点：

■ 允许多个运营商共享 O-RU 资源预计需要更改开放式前传接口（尤其是多个 vO-DU 和给定 O-RU 之间的握手）。

■ 这种变化似乎可能会对管理平面规范产生影响。因此，这种方法需要 O-RAN 的支持和批准。

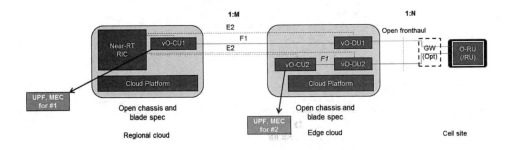

图 7-12　部署场景 C.2

4. 场景 D

近实时 RIC 和 vO-CU 部署在区域云平台，O-DU 通过实体方式部署在边缘主机并通过 E2、F1 等接口（光纤等物理传输连接设备）连接，O-RU 通过前传接口（光纤等物理传输连接设备）与 O-DU 边缘主机连接。O-DU 功能由 O-RAN 物理网络功能支持，而非 O-Cloud 支持。一个近实时 RIC 可以和多个 O-DU 边缘主机连接，同时一个 O-DU 边缘主机可以和多个 O-RU 连接，如图 7-13 所示。

一般假设场景 D 具有与场景 C 相同的用例和性能要求，主要区别在于基于 O-RAN 物理网络功能的解决方案与符合 O-RAN 的 O-Cloud 解决方案的业务决策不同。场景 D 主要用于解决运营商在部署的时间范围内可能没有可接受的 O-Cloud 解决方案的情况。

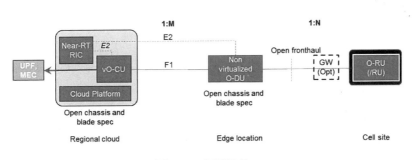

图 7-13　部署场景 D

5. 场景 E

近实时 RIC 和 vO-CU 部署在区域云平台，O-DU 和 O-RU 通过虚拟化的方式部署在一个蜂窝点位的云平台并通过 E2、F1 等接口（光纤等物理传输连接设备）连接，一个近实时 RIC 可以和多个 vO-DU 连接，如图 7-14 所示。

与场景 D 相比，该场景假设不仅可以像场景 C 中那样虚拟化 O-DU，而且还可以成功虚拟化 O-RU。此外，O-RU 和 O-DU 将在同一个 O-Cloud 中实现，O-Cloud 具有 O-RU 和 O-DU 都需要的加速硬件。

因为在这个场景中 O-DU 和 O-RU 是在同一个 O-Cloud 中实现的，所以

O-DU 的实现必须满足与 O-RU 相关的环境和可访问性要求。因此，场景 E 最适合在室内部署。

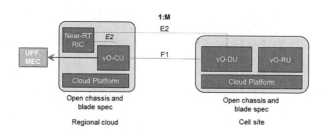

图 7-14　部署场景 E

6. 场景 F

近实时 RIC 和 vO-CU 部署在区域云平台，O-DU 通过虚拟化的方式部署在边缘云平台并通过 E2、F1 等接口（光纤等物理传输连接设备）连接，O-RU 通过前传接口（光纤等物理传输连接设备）与 O-DU 连接。一个近实时 RIC 可以和多个 vO-DU 连接，一个 vO-DU 可以和多个 vO-RU 连接，如图 7-15 所示。

场景 F 类似于场景 E，其中 O-DU 和 O-RU 都是虚拟化的，但是部署在不同的 O-Cloud 中，这意味着：

● DU功能可以放置在更方便维护和升级的位置。

● DU功能可以放置在半受控或受控的环境中，这降低了一些实施复杂性。

场景 F 比场景 E 更适合在室外部署。

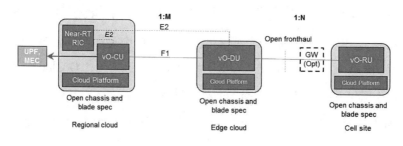

图 7-15　部署场景 F

7.2　O2 接口

O2 接口是 O-RAN 架构内的开放逻辑接口，提供 SMO 和 O-Cloud 之间的安全通信。它支持对 O-Cloud 基础架构的管理，以及对运行在 O-Cloud 上的 O-RAN 云化 NFs 的部署生命周期管理。O2 接口以可扩展的方式定义，允许添加新信息或功能，而无须更改协议或流程。此接口支持多供应商环境，并且独立于 SMO 和 O-Cloud 的特定实现。

7.2.1　O2接口功能

在 O-RAN 架构中，SMO 能够通过 O2 接口连接 O-Cloud 平台实现如下功能：

（1）O-Cloud 基础设置资源管理功能：

● O-Cloud基础设施发现和管理。

● O-Cloud基础设施弹性伸缩。

● O-Cloud基础设施FCAPS（故障管理、配置管理、计费管理、性能管理、安全管理、通信监控等）。

● O-Cloud基础设施平台软件管理。

（2）管理抽象资源和多个 DMSes：

● 创建、扩展、缩减分配的抽象O-Cloud基础设施资源。

● 为抽象的O-Cloud基础设施部署FCAPS。

● 部署DMS（创建、删除和租赁O-Cloud基础设施）。

（3）NF 与服务的部署编排：

● 部署软件管理。

● 部署、终止、扩展以及修复NF与服务部署资源。

● 为NF和服务部署资源提供FCAPS。

对于 O-Cloud 平台，需要通过 O2 接口向 SMO 提供以上服务功能。这些功能在 O-Cloud 平台架构中被分成了两个逻辑组：

● 基础设施管理服务功能：包括负责部署和管理云基础设施的O2功能子集。

● 部署管理服务功能：包括负责管理云基础设施上虚拟化/容器化部署生命周期的O2功能子集。

因此，O-Cloud 在逻辑上由两个功能块组成。SMO 有两个逻辑块供 O-Cloud 服务的消费者使用。O2 作为参考点被分解为两个基于服务的接口，如图 7-16 所示。图 7-16 中描述了 SMO 和 O-Cloud 平台之间以 O2 接口为参考点的基于服务的架构，包括两个基于 O2 RP 服务的接口。

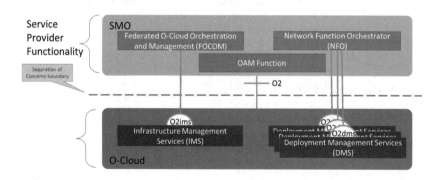

图 7-16　基于服务的 O2 接口

FOCOM（联邦 O-Cloud 编排和管理）：FOCOM 负责云基础设施资源的管理，是 IMS 服务的主要消费者，并提供有关云资源管理的信息，比如，IMS 服务是处于运营商域内还是域外。

NFO（网络功能编排器）：NFO 负责编排 NF 组件，作为 O-Cloud 中 NF 部署的组成部分，同时它还可以利用 OAM 功能，以便在部署 NF 之后访问 O1 接口，NFO 是 DMS 的主要消费者。

OAM（操作维护管理）：OAM 功能负责 O-RAN 管理实体的 FCAPS 管理。可以通过对 O2ims 和 O2dms 订阅流程来接收故障和性能数据。

IMS（基础设施管理服务）：IMS 负责管理 O-Cloud 资源和用于管理这些资源的软件，IMS 通常提供服务供 FOCOM 使用。

DMS（部署管理服务）：DMS 负责管理 O-Cloud 中 NF 的部署。可提供实例化、终止、监控 NF 部署的服务供 NFO 使用。

7.2.2　O2接口服务

1. O2ims 服务

O2ims 服务是 O-Cloud 对外提供的基础服务之一，它的服务对象为 SMO，可以通过 O2 接口为 SMO 提供云基础设施的管理，包括：

● 基础设施清单服务：用于O-Cloud向SMO提供O-Cloud基础设施资源查询以及管理等服务，通过该服务SMO可以了解当前的O-Cloud中资源情况并对其进行管理。

● 基础设施监控服务：用于O-Cloud向SMO提供O-Cloud基础设施资源测量上报配置等服务，通过该服务SMO可以了解O-Cloud节点的状态、异常情况以及资源或配置的更改信息。

● 基础设施资源调配服务：用于O-Cloud向SMO提供O-Cloud基础设施资源的配置及管理服务，通过该服务SMO可以对O-Cloud基础设施资源进行分配、回收等管理操作。

● 基础设施软件管理服务：用于O-Cloud向SMO提供O-Cloud基础设施资源需要用到的软件资源的管理服务，通过该服务SMO可以启动O-Cloud基础设施管理软件、部署管理软件、服务器操作系统软件、更新和修补程序的软件更新过程，以及加速器的固件更新等管理操作。

● 基础设施生命周期管理服务：用于O-Cloud向SMO提供O-Cloud基础设施资源的全生命周期管理服务，O-Cloud中的资源往往是动态的，通过该服务SMO可以对O-Cloud基础设施进行生命周期管理，也可支持自动化的全生命周期管理。

2. O2dms 服务

O2dms 服务是 O-Cloud 对外提供的另一种基础服务，它的服务对象为 SMO，可以通过 O2 接口为 SMO 提供网络功能的云化部署及管理服务，如：

- O-RAN网络功能云化部署服务：通过该服务SMO可以使用O-Cloud的资源去部署一个O-RAN虚拟化网络功能。

- O-RAN网络功能云化部署终止服务：通过该服务SMO可以终止一个O-RAN虚拟化网络功能。

- O-RAN网络功能云化资源扩展服务：通过该服务SMO可以在O-RAN虚拟化网络功能所分配的O-Cloud资源不足时，向该O-RAN虚拟化网络功能分配更多的云资源来保证网络功能正常提供服务。

- O-RAN网络功能异常行为恢复/缓解服务：通过该服务SMO可以在发现一个O-RAN虚拟化网络功能异常时通过配置等操作对其行为进行恢复或缓解异常。

- O-RAN网络功能健康检查及诊断服务：通过该服务SMO可以获取其关心的O-RAN虚拟化网络功能的运行状态及异常情况，并采取对应措施。

7.3 O-Cloud Notification 接口及功能

O-Cloud Notification 接口允许事件消费者（例如部署在 O-Cloud 上的 O-DU）订阅来自 O-Cloud 的事件/状态。云基础设施将提供事件生产者，使云工作负载能够接收可能只有基础设施知道的事件/状态。O-Cloud Notification 接口在 O-RAN 架构中的具体位置，如图 7-17 所示。

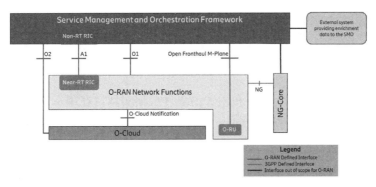

图 7-17　O-Cloud Notification 接口在 O-RAN 架构中的具体位置

在图 7-17 中，O-Cloud Notification 接口可用于相关的 O-RAN 网络功能（例如，Near-RT RIC、O-CU-CP、O-CU-UP 和 O-DU）以接收 O-Cloud 相关通知。图 7-18 给出了实现 O-Cloud Notification 框架的架构，该图从逻辑角度显示了功能和交互。

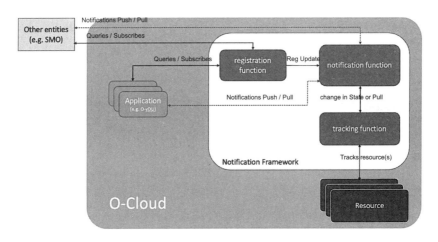

图 7-18　O-Cloud Notification 框架架构

O-Cloud Notification 接口允许诸如 vDU 或 CNF 之类的事件消费者从 O-Cloud 订阅事件 / 状态。云基础设施应提供事件生产者，以使云工作负载能够接收可能只有 O-Cloud 基础设施知道的事件 / 状态。

事件消费者使用 O-Cloud Notification 接口通过指定事件 / 状态生产者地址来订阅特定事件类型或事件类别。寻址方案包含在资源寻址中。事件消费者能够通过 O-Cloud Notification 接口删除订阅来取消订阅接收事件和状态。O-Cloud Notification 接口是在底层 O-Cloud（IMS 和 / 或 DMS）中运行的事件和状态框架的集成点。

O-Cloud Notification 接口和相关的事件框架实现旨在用于从事件检测到事件消费的路径必须具有尽可能低的延迟的情况。事件的节点内传递是主要关注点，也支持节点间传递。

O-Cloud Notification 接口的具体应用案例：

● 事件消费者（例如 vO-DU 或其他 CNF）的订阅触发事件消费者准备好接收通知。

● 云基础设施提供的O-Cloud Notification接口处理程序实现驻留在应用程序（工作负载）中，并且是 O-Cloud Notification接口处理程序的应用程序适当实现。

● 订阅后，事件消费者将收到关于事件生产者资源状态的初始通知。例如，订阅sync-status地址时，会将PTP系统当前的同步状态发送给事件消费者。或者作为另一个例子，在订阅 interface-status 地址时，会将当前的接口运营商状态发送给事件消费者。该初始通知允许加入应用程序与被观察系统的当前状态同步。

● 事件消费者将能够订阅云提供的资源状态通知。

● 同一容器、Pod 或 VM 中的多个事件使用者可以订阅事件和状态，因为 O-Cloud Notification接口允许多个接收端点 URI。

● 如果事件框架无法提供请求的订阅，事件框架将拒绝订阅请求，事件消费者（vO-DU、vO-CU 等）将能够决定是否继续其操作。

O-Cloud Notification 接口功能主要包括订阅、状态通知、事件提取状态通知等。

1. 订阅功能

订阅功能主要用于事件消费者（例如 vO-DU 或其他 CNF）订阅触发事

件消费者准备好接收通知。如图 7-19 所示为订阅 API 定义的整体资源 URI 结构。

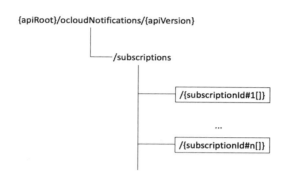

图 7-19　订阅功能的资源 URI 结构

订阅资源的方法包括订阅 POST 方法和 GET 方法。POST 方法用于为事件消费者创建订阅资源。作为成功执行此方法的结果，应存在于新订阅资源中，并且将在该资源的表示中使用变量值（subscriptionId）。GET 方法用于查询订阅对象及其相关属性。作为成功执行此方法的结果，事件生产者将返回订阅对象列表及其相关属性。

2. 状态通知功能

成功订阅，即创建订阅资源后，事件消费者（例如 vO-DU 或其他 CNF）应能够从订阅资源中接收事件通知。

当资源状态发生变化时，事件框架会发送事件。状态变化的意义取决于事件生产者的服务。向事件消费者发送通知的 HTTP 方法应为 POST 方法，并且通知应在创建订阅资源期间发送到事件消费者客户端提供的端点上。

图 7-20 说明了节点内的本地通知事件传递流程。

（1）事件框架确定事件条件已发生。

（2）事件消费者（vO-DU 等）之前已经订阅了事件类型，事件生产者使用完整的 JSON 事件有效负载对事件消费者执行 POST 方法。

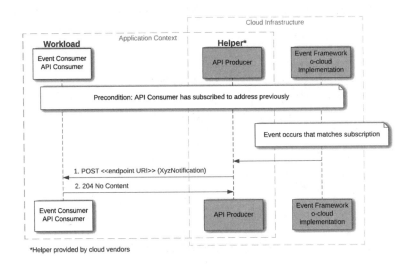

图 7-20　本地通知事件传递流程

3. 事件提取状态通知功能

除了接收事件状态通知之外，事件消费者（例如，vO-DU 或 CNF）也能够提取事件状态通知。此状态通知仅限于 vO-DU 所驻留的节点。

图 7-21 说明了事件提取状态通知的流程和方法。

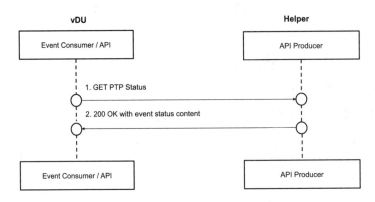

图 7-21　事件提取状态通知的流程

第 8 章　O-RAN 的管理与编排

8.1　SMO 的功能定位

SMO 即 Service Management and Orchestration，是 O-RAN 定义的全新框架，提供 O-RAN 无线接入网的管理和编排能力。它不仅包含原有 OMC 系统提供的 FCAPS 功能，还新增了智能化管理能力和虚拟化编排部署能力，O-RAN 规范中要求它包含的主要功能有：

- 为O-RAN网元提供FCAPS接口。

- 通过Non-RT RIC提供无线网的优化能力。

- O-Cloud管理、编排和控制工作流。

SMO 通过以下 4 个关键的接口为被管理的网元提供服务：

- Non-RT RIC与Near-RT RIC之间的A1接口，提供无线网的优化服务。

- SMO与O-RAN网络功能直接的O1接口，提供FCAPS服务。

- 在混合模式，SMO与O-RAN之间的Open Fronthaul M-plane接口，提供O-RU的FCAPS服务。

- SMO与O-Cloud质检的O2接口，提供平台资源和负载管理服务。

SMO 没有定义任何面向 Non-RT RIC 的正式接口。因此，在 SMO 部署时，可能会为创建 Non-RT RIC 框架边界做出自己的设计，或者选择不实现清晰的边界。

　　前序章节已经介绍了 Non-RT RIC 和 O-Cloud 管理部分，后续章节会介绍

SMO 的 FCAPS 能力，并通过示例展示无线网络服务实例化的全过程。

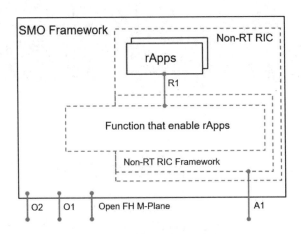

图 8-1　SMO 框架示意

8.2　SMO OAM 架构

8.2.1　OAM架构总体设计原则

下面将介绍在 O-RAN 架构中指导 OAM 支持的体系结构原则。

通用 OAM 功能应该通过包含 O-RAN 体系结构的 5 个不同组件的公共 OAM 接口协议集来支持。管理服务应该尽可能与现有的标准规范保持一致，包括：

- 3GPP 5G管理接口规范。
- ETSI NFV生命周期管理规范。
- RAN WG4.MP.0-v01.00（可以考虑未来与3GPP保持一致的增强功能）。

O-RAN OAM 规格应参考 3GPP 和 ETSI 规格，而不是完全照搬它们。O-RAN 的目标是推动任何必要的标准扩展，以保持 O-RAN 和现有标准的一致性。

8.2.2　架构需求

定义适用于 O-RAN 参考体系结构的体系结构要求。架构需求源自要支持的用例，并定义了体系结构要满足的功能需求。

1. 功能性需求

OAM 体系架构功能性需求见表 8-1。

表 8-1　OAM 体系架构功能性需求

需　　求	说　　明	注　　释
[REQ-M&O-FUN1]	O-RAN OAM 体系结构必须支持服务之间的交互管理和协调框架以及通过 O2 接口实现的 O-Cloud 来执行虚拟化的资源业务流程	用例
[REQ-M&O-FUN2]	O-RAN OAM 体系结构必须能够通过 O1 接口支持服务管理和编制框架使用每个 O-RAN 管理元素（无论实现为 PNF 还是 VNF）公开的供应管理服务	O-RAN WG10. OAM 接口规范
[REQ-M&O-FUN3]	O-RAN OAM 架构必须支持服务管理和业务流程框架在 O-RAN 网络中创建、修改和终止 VNFs	用例
[REQ-M&O-FUN4]	O-RAN OAM 架构必须支持服务管理和业务流程框架对新激活的 VNFs 和 PNFs 的登记和列入清单	用例
[REQ-M&O-FUN5]	O-RAN OAM 架构必须支持服务管理和业务流程框架从 VNFs 和 PNFs 收集状态变化和其他指令	用例
[REQ-M&O-FUN6]	O-RAN OAM 体系结构必须支持服务管理和业务流程框架对 VNFs 和 PNFs 的配置，例如，包括允许它们彼此连接所需的寻址信息	用例
[REQ-M&O-FUN7]	O-RAN OAM 架构必须支持 PM 作业管理，从 O-RAN 组件获取 PM 数据收集 / 存储 / 查询 / 统计报告	用例
[REQ-M&O-FUN8]	O-RAN OAM 架构必须支持被管理元素的操作日志和操作权限	要添加的用例
[REQ-M&O-FUN9]	O-RAN OAM 架构必须支持管理元素中包含的管理函数的管理	ETSI 3GPP TS 28.622
[REQ-M&O-FUN10]	O-RAN OAM 架构必须支持在 O-RAN-WG4.MP.0-v01.00 中定义的 O-RAN O-DU 和 O-RU 组件的分层和混合管理	用例和 O-RAN MP 规格
[REQ-M&O-FUN11]	O-RAN OAM 架构和接口必须支持网络切片，其中 O-RAN 管理函数的实例可能与一个或多个切片相关联	要添加的用例
[REQ-M&O-FUN12]	O-RAN OAM 架构必须支持所有管理元素（RU 除外）的 O1 接口，即使管理元素部署在 NAT 后	O-RAN WG10. OAM 接口规范

2. 非功能性需求

OAM 体系架构非功能性需求见表 8-2。

表 8-2　OAM 体系架构非功能性需求

需　　求	说　　明	注　　释
[REQ-M&O-NFUN1]	O-RAN OAM 体系结构必须支持通过开放的、标准的接口向 RAN 引入新的、更经济有效的技术	O-RAN 白皮书
[REQ-M&O-NFUN2]	O-RAN OAM 体系结构必须支持 RAN 组件虚拟化，允许操作人员使用通用的、现成的硬件实现	O-RAN 白皮书
[REQ-M&O-NFUN3]	O-RAN OAM 架构必须支持分析和人工智能/机器学习的使用，以提高网络效率和性能，并降低运营成本	O-RAN 白皮书

3. 安全需求

OAM 体系架构安全需求见表 8-3。

表 8-3　OAM 体系架构安全需求

需　　求	说　　明	注　　释
[REQ-M&O-NFUN4]	O-RAN OAM 体系结构必须支持 O-RAN 网络组件间交互的安全性	见附注

注：更详细的安全需求将在 OAM 体系结构的未来版本中讨论。

8.2.3　参考体系架构

参考体系结构为O-RAN管理域定义了一组基本的体系模块——管理服务、管理功能和管理元。

1. 架构模块

（1）管理服务。

Management Services 提供了管理和协调被管理元素的功能。受管元向管理器公开其管理服务。管理者使用该管理服务。

O-RAN 支持的管理服务包括：

- 预配置。

- 故障监测。

- 性能保证。

- 跟踪管理。

- 文件管理。

- 软件管理。

- 通信监视。

- 物理网络功能（PNF）的启动和注册。

- 虚拟化网络功能（VNF）的实例化和终止。

- VNF的扩展管理服务。

支持的管理服务及其接口的定义将在 OAM O1 接口规范中介绍。

（2）管理功能。

管理功能（MF）的定义见 3GPP TS 28.622 第 4.3.4 节。MF 实例是使用由包含它的 ME 实例公开的管理接口来管理的。

RAN 管理功能包括：

- 近实时无线智能控制器（Near-RT RIC）。

- RAN中央单元—控制面（O-CU-CP）。

- RAN中央单元—用户面（O-CU-UP）。

- RAN分布式单元（O-DU）。

- RAN无线单元（O-RU）。

（3）管理网元。

管理网元（ME）的定义在 3GPP TS 28.622 第 4.3.3 节中给出。ME 支持通过管理接口与管理者进行通信，以实现控制和监视的目的。

O-RAN 管理网元的例子包括：

- 作为MEs单独部署的O-RAN管理功能（例如，Near-RT RIC ME，O-CU-CP ME，O-CU-UP ME，O-DU ME，O-RU ME）。

- 中央单元（CU）由O-CU-CP和O-CU-UP组成。

- ME由Near-RT RIC、O-CU-CP、O-CU-UP、O-DU和O-RU组成。

各种部署示例及其 OAM 接口将在后面的部分中给出。部署选项的选择将基于运营商的需求。

定义管理网元（ME）的关键动机是表达它是一组管理功能（MF）的集合，这些管理功能被部署在一起，并经过紧密集成和严格测试。这对软件更新的管理方式有影响，因为所有针对 ME 的软件更新都需要保留集合中所有 MF 已经测试通过的特性。根据部署场景和其他注意事项，可以以不同的方式对 MFs 进行分组。每个 ME 都需要一个接口，该接口可以管理与其中包含的每个 MF 的通信。下面的部分给出了许多例子，说明 O1 接口如何连接到包含单个 MF 的 ME，或者连接到包含多个 MF 的集成 ME。

（4）服务管理和编排框架。

服务管理和编排框架负责管理和编排其控制范围内的管理网元。例如，该框架可以是第三方网络管理系统（NMS）或编排平台。

服务管理和编排框架必须为管理功能提供集成结构和数据服务。集成结构支持 O-RAN 域内管理功能之间的互操作和通信。数据服务为管理功能提供高效的数据收集、存储和移动功能。为了实现多个 OAM 架构选项以及 RAN 服务建模，SMO 必须支持对不同 OAM 部署选项和 OAM 服务（集成结构等）的建模。

（5）非实时无线智能控制器。

O-RAN 非实时 RAN 智能控制器（Non-RT RIC）是服务管理和编排框架的一部分，并使用 A1 接口与近实时 RAN 智能控制器（Near-RT RIC）通信。

非实时控制功能（>1s）和近实时（Near-RT）控制功能（<1s）在 RIC 中解耦。非实时控制功能包括服务和策略管理、RAN 分析和一些近实时 RAN 智能控制器（Near-RT RIC）功能的模型训练，以及非实时 RIC 优化。

（6）控制回路支持。

O-RAN 定义了 3 个具有不同延迟带的控制循环，这些循环不是分层的，而是并行运行的。这并不意味着具有内部循环的网元不会因内部循环故障而生成自己的事件，但它不会简单地传播内部循环接收到的低级事件。这三个循环大致定义为：

循环 1：用于每 TTI/ 毫秒资源调度的分布式单元 DU（<10ms）。

循环 2：在近实时 RAN 智能控制器和中央单元 CU 中进行资源优化（10ms 到 1s）。

循环 3：在服务管理和编排框架中，用于 ML 训练、趋势分析和编排（>1s）。

2. 基本的 OAM 架构

如图 8-2 所示为整个 O-RAN OAM 逻辑体系结构。最初，出于控制目的，管理器和 O-RAN 组件之间的接口被标识为 A1。O-RAN OAM 体系结构为 OAM 功能添加了另一个接口，标记为 O1（OAM）。O1 是 O-RAN 托管元素和管理实体之间的接口。需要注意，图 8-2 使用 5G 术语，但相同的原则适用于 LTE/4G。将来可能会添加到 LTE/4G 的映射。此外，用于 O-Cloud 管理的 O2 接口可能有不同于其他 O1 接口的需求，需要进一步研究。图 8-2 底部所示 O-Cloud 所在的框组成了云平台基础设施。

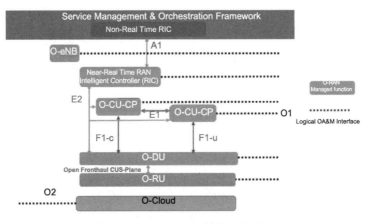

图 8-2　O-RAN OAM 逻辑体系结构

O1 OAM 接口包括故障、配置、统计、性能、安全（FCAPS）功能、文件管理和软件管理功能的实现，适用于虚拟化和物理化的管理网元。对于虚拟化的网元，该接口描述了用于将软件作为一个独立实体部署的基础设施资源业务编排和监控的标准化接口。对于具有完全集成的硬件和软件的纯单片体系结构，硬件与软件一起报告有关 O1 支持的管理服务的详细信息。

如图 8-2 所示，各个 O-RAN 管理功能都有一个逻辑 OAM 接口，但实际上，将管理功能分组到管理网元中将确定实际 O1 接口的终止位置。更多细节将在后续章节中解释。O1 接口可以直接在服务管理和编排框架上终止，或者在分层模型中在管理其他 O-RAN 管理功能的管理网元上终止。

以下各节确定了可能的管理拓扑，例如，OAM 关系的基本"平面"模型、O-DU 到 O-RU 关系的层次模型和 O-RU 到 O-DU 再到 O-RU 关系的混合模型（在 O-RAN 前传 M-Plane 规范中定义），以及示例部署选项。

3. OAM 模型和部署选项

本节提供了管理功能在管理网元中的可能模型和部署示例。O-RAN OAM 体系结构中不需要采用单一模型，而是可以在网络中支持多模型部署。

1）扁平化管理架构模型

如图 8-3 所示，在平面管理模型中，构成 O-RAN 体系结构的所有 MFs 也是 MEs，并向 SMO 公开 O1 接口。

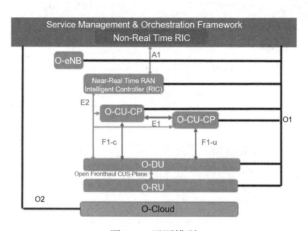

图 8-3　平面模型

需要注意，前传的 M-Plane 规格目前未优化以支持 O-RU 的平面管理，这有待进一步研究。

NM/Orchestration 平台提供了 NM 功能的分布式部署模型，允许传统集中式单片 NM 实现具有更大的扩展性和更低的延迟功能。在本规范中，不需要特定的平台，但是假定 NM 具有编排能力。因此，SMOs 的部署、分析、配置和控制功能可能会与部分网元同时部署。这允许进行本地化处理和本地化扩展，以处理预期要管理的大量网元。NM 的功能可以跨网络边界分布，因此可以处理逻辑扁平的架构。此外，NM 体系结构支持低延迟测量采集、处理，并作为一种策略指导或数据更新的形式交付给 RIC。

2）分层管理架构模型

在没有分布式网管架构的情况下，可以采用分级管理架构，由更高级别的 ME 管理 MEs 的子网，如图 8-4 所示，O-DU 通过 FrontHaul 前传接口 M Plane 管理 O-RU。

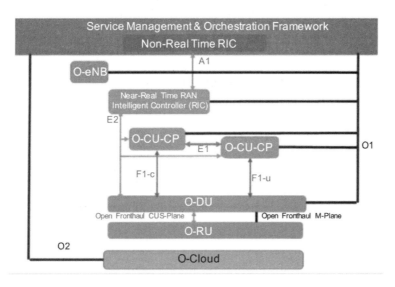

图 8-4　层次模型示例

在图 8-4 的示例中，O-RU 由 O-DU 的开放式 FrontHaul 前传接口 M Plane 管理，而非服务管理和编排框架，因此服务管理和编排与 O-DU 之间存在分层关系。O-DU 必须提供与上述子端 O-RU 一致的和标准化的视图。

3）混合管理体系结构模型

在混合管理体系结构中，O-RU 部分由 O-DU 管理，部分由 SMO 管理。O-DU 通过开放式 Fronthaul M-Plane 进行管理，SMO 通过 O1 接口管理 O-RU，混合模式如图 8-5 所示。

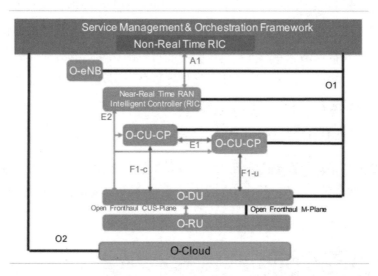

图 8-5 混合模式

在这种情况下，管理责任在 O-DU 服务管理与编排框架之间划分。如图 8-5 中的 Open Fronthaul M-Plane 参考了 O-RAN.WG4.MP 标准中的定义。O-RU 支持与多个客户端的连接以及访问控制，这些访问控制可用于控制 Open Fronthaul M-Plane 中特定客户端的可用权限。图 8-5 中没有显示，在 O-RAN.WG4.MP 标准中，O-RU 和 NMS 之间指定了一个 Open Front Haul M-Plane 接口，SMO 可选择支持该接口，以实现向后兼容。Fronthaul M-Plane 与 O1 接口的调准有待进一步研究。

4）部署示例选项

在集成设备中，管理网元包含多个内部管理功能。本节提供了一些示例，展示了 OAM 体系结构如何应用于管理功能到管理网元的不同分组。如图 8-6 显示了包含 O-CU-CP、O-CU-UP、O-DU 和 O-RU 管理功能的单个管理网元。

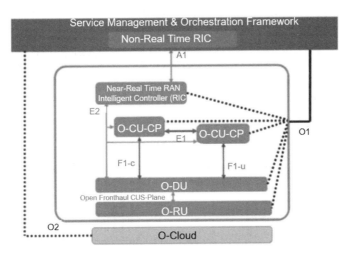

图 8-6　单个集成 ME 的示例

在图 8-6 中，Managed Element 只有一个 O1 接口，但是，该 O1 接口仍然提供了管理网元中包含的管理功能的一致和标准化视图。图 8-7 则展示了另一个例子，Near-RT RIC 被拆分为一个独立的 ME。

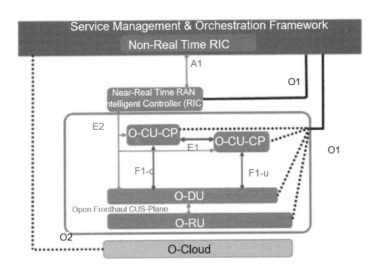

图 8-7　单个集成 ME+ 独立 Near-RT RIC 示例

在这个示例中，每个 ME 都支持单独的 O1 接口。包含 Near-RT RIC 托管函数的 ME 仅支持通过其 O1 接口管理此功能，而包含其他管理功能的 ME 提供所有包含功能的视图。

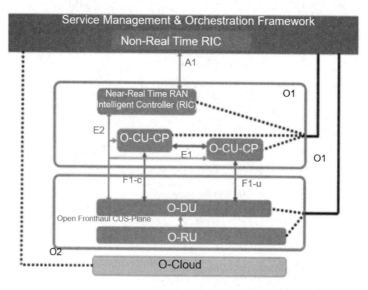

图 8-8　ME 聚合 Near-RT RIC、O-CU-CP 和 O-CU-UP 的例子

　　如图 8-8 显示了一个替代的例子，两个管理元素分别包含 Near-RT RIC/O-CU-CP/O-CU-UP，以及 O-DU 和 O-RU 管理功能。同样，来自 MEs 的 O1 接口为所包含的管理功能提供了一致化和标准化的视图。

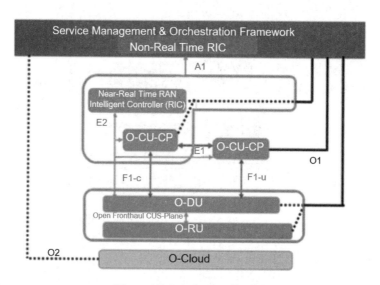

图 8-9　具有三个 MEs 的示例

如图 8-9 展示了一个替代的例子，三个管理网元分别包含 Near-RT RIC/
O-CU-CP、O-CU-UP 以及 O-DU 和 O-RU 管理功能。同样，来自 MEs 的 O1
接口为所包含的管理功能提供了一致化和标准化的视图。最后，如图 8-10 显
示了一个类似的管理功能分组，但是 Near-RT RIC 被分离为它自己的管理网元。

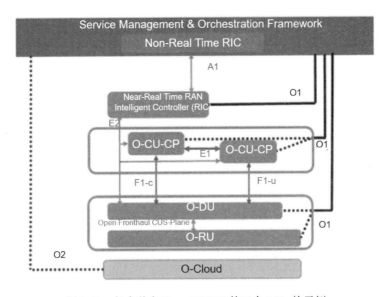

图 8-10　包含独立 Near-RT RIC 的三个 MEs 的示例

5）部署在 NAT 后面的管理网元

运营商不希望在 NAT 后面部署管理网元（ME），但在某些情况下，这是
不可避免的，例如：

● 公共 IPv4 地址耗尽。

● 部署在非服务提供商所有的大型综合体（公寓、体育场馆等）中的管
理网元。

● 通过第三方网络使用 NAT 连接的管理网元。

当服务提供商在 NAT 后部署管理网元时，它们能够保留对这些网元的完
全管理控制是至关重要的。

NAT 后的 O-RAN MEs 部署方式如图 8-11 所示。

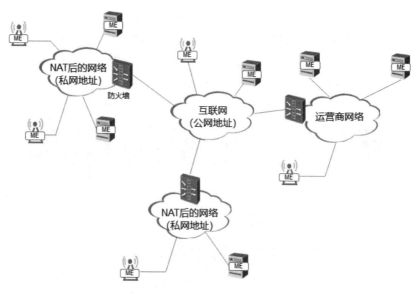

图 8-11　NAT 后的 O-RAN MEs

下面推荐三种方法，让 O-RAN Manager 能够定位 NAT 后的 ME，并识别从 NAT 后的 ME 接收到的数据：

- ME建立持久性VPN隧道（例如IPSec），该隧道通向位于NAT网络外部的VPN集中器（网关）。然后可以通过建立的隧道访问ME。

- ME使用标准协议（UPNP或PCP）在防火墙上建立端口转发规则，并自动为自己分配端口。

- 服务提供商手动配置防火墙，为受保护网络内的每个ME分配端口。

8.3　SMO 网络实例化示例

8.3.1　O-RAN网络服务的构成

在 O-RAN 体系中，无线侧包括 Near-RT RIC、O-CU-CP、O-CU-UP、O-DU 和 O-RU 等网元功能，管理端包括服务管理和编排框架，即 SMO（包括 Non-RT RIC）。在 NFV 环境中，O-RAN 网元功能会以虚拟化的形式存在，因此网络中也包括基于 O-Cloud 的基础设施层（COTS/ 白盒 / 外围硬件和虚拟化层）。

8.3.2　网络实例化目标

为详细解释 O-RAN 网络创建的过程，以一个完整 O-RAN 网络服务的端到端部署为例，详细解释在实例化 O-RAN 网络服务过程中 SMO 各模块所承担的功能以及 SMO 与 O-RAN 其他工作单元间是如何相互配合来完成 O-RAN 网络服务部署的。

当前用例关注于各服务组件和工作单元间的软件功能及流程交互，而不是目标对象的物理构造。根据无线覆盖要求，运营商可以在特定区域用专用的物理资源部署 O-RAN 的网络 / 元件，也可以用虚拟化资源部署 O-RAN 的网络 / 元件，或两者混合部署。

在本用例中，网元形态的设定为，集中职能的网络功能设置为虚拟化网元，即 VNF；更接近用户侧的网络功能则使用物理网元，即 PNF。根据这样的原则 Non-RT RIC、O-CU-CP、O-CU-UP 划分为 VNF，而 PNF 则包括 O-DU 和 O-RU。

需要注意，RF 功能必须始终实现为 PNF，但 O-DU 可以实现为 PNF 或 VNF。本用例还假设在 RAN 组件之间已经存在安全的网络连接。

8.3.3　SMO功能需求

为了支持 O-RAN 网络的部署，SMO 需要支持以下能力：

● 支持在指定区域部署O-RAN网元。

  ■ 对于非虚拟化部件，SMO 支持在专用物理资源上部署物理网元，用以满足功能要求，并通过 O1 接口管理这些物理网元。

  ■ 对于虚拟化的网元，SMO 应具备调用 O2 接口在 O-Cloud 上执行网元生命周期管理的能力。

  ■ SMO 还应具备调用 O1 接口配置各服务组件的能力，该配置接口可以参考 O-RAN.WG10 中的 OAM 接口规范。

● 支持O-RAN网络的配置与维护。

　■ SMO 应支持依据网元的规划组网设置 PNFs 和 VNFs 的 IP 地址并
　　打通它们之间网络的能力。

　■ 运营商可以通过 O1 或 O2 接口动态地对网络进行操作和维护，操
　　作包括网络重构及单个网元更新。单个网元更新又分为网元内部软
　　件的更新和对该网元进行新增、修改、移除等操作。

8.3.4　用例流程

O-RAN 网络服务实例化的具体流程见表 8-4 和图 8-12。

表 8-4　O-RAN 网络服务实例化流程

序　　号	详 细 步 骤
目标	O-RAN 网络服务实例化
参与模块	1. SMO 模块：NFO，OAM，Non-RT RIC 2. O-Cloud：DMS 3. PNF 4. VNF
前置条件	1. SMO 与 O-Cloud 之间接口已经打通 2. O-Cloud 状态正常 3. 安装了 PNF，但未激活 4. VNF 软件包已上传至 O-Cloud 5. 在 RAN 组件之间已经可以使用安全的网络连接
用例开始	运营商 / 经理决策在指定区域部署 O-RAN 网络服务
步骤 1（M）	网络规划人员将网元模型和网元发布版本上传至 NFO
步骤 2（M）	NFO 将 VNFD 上传至 O-Cloud
步骤 3（M）	无线规划人员审批 RAN 服务部署的规划
步骤 4（M）	SMO 启动 O-RAN 网络服务实例化流程
步骤 5（M）	SMO 与 O-Cloud 交互，基于 Near-RT RIC 网元的 VNFD 实例化 Near-RT RIC
步骤 6（M）	O-Cloud 开始实例化 Near-RT RIC 虚拟化网元
步骤 7（M）	O-Cloud 通知 SMO Near-RT RIC 已实例化，SMO 更新网元状态

续表

序　号	详　细　步　骤
步骤 8（M）	SMO 进行 Near-RT RIC 网元配置
步骤 9（M）	O-Cloud 开始实例化 O-CU-CP 虚拟化网元
步骤 10（M）	O-Cloud 通知 SMO O-CU-CP 网元已实例化，SMO 更新网元状态
步骤 11（M）	SMO 准备 O-CU-CP 网元配置，例如与 Near-RT RIC 对接配置
步骤 12（M）	SMO 进行 O-CU-CP 网元配置
步骤 13（M）	SMO 与 O-Cloud 交互以实例化 O-CU-UP，对于多个 VNF，循环执行步骤 13 到步骤 17
步骤 14（M）	O-Cloud 开始实例化 O-CU-UP 虚拟化网元
步骤 15（M）	O-Cloud 通知 SMO O-CU-UP 网元已实例化，SMO 更新网元状态
步骤 16（M）	SMO 准备 Near-RT RIC、O-CU-UP 相关的配置
步骤 17（M）	SMO 进行 O-CU-UP 网元配置
步骤 18（O）	SMO 部署 xApp 至 Near-RT RIC
步骤 19（O）	完成上述步骤后，Near-RT RIC 可以通过 E2 接口与 O-CU-UP 相互作用
步骤 20（M）	SMO 将 O-DU 相关信息添加到数据库中，例如 O-DU ID。对于多个 O-DU，循环执行此步骤
步骤 21（M）	SMO 将 O-RU 相关信息添加到数据库中，例如 O-RU ID。对于多个 O-RU，循环执行此步骤
步骤 22（M）	现场技术人员打开 O-DU
步骤 23（M）	O-DU 向 SMO 发送注册信息
步骤 24（M）	SMO 在线登记 O-DU
步骤 25（M）	SMO 准备 O-DU 配置，例如 Near-RT RIC 和 O-CU-CP、o-cuup 的相关信息
步骤 26（M）	SMO 进行 O-DU 配置
步骤 27（O）	SMO 在 O-DU 上部署 xApp
步骤 28（O）	完成上述步骤后，Near-RT RIC 可以通过 E2 界面与 O-DU 相互作用
步骤 29（M）	现场技术人员上电 O-RU
步骤 30（M）	O-RU 向 O-DU 注册
步骤 31（M）	O-DU 向 SMO 发送配置更改通知，表示 O-RU 在线
步骤 32（M）	SMO 将 O-RU 在线注册
步骤 33（M）	SMO 通过 O-DU 配置 O-RU
步骤 34（M）	O-DU 从 SMO 获取 O-RU 配置信息
步骤 35（M）	O-DU 配置 O-RU
步骤 36（M）	O-RU 向 SMO 发送注册信息
步骤 37（M）	SMO 将 O-RU 在线注册
步骤 38（M）	SMO 准备 O-RU 配置，例如，关联的 O-DU 等
步骤 39（M）	SMO 进行 O-RU 配置

续表

序　　号	详　细　步　骤
用例结束	至此，所有 O-RAN 网络功能已经部署、注册和配置成功，并且 SMO 上具备 O-RAN 网络服务中所有相关网元信息
异常	不涉及
后置条件	O-RAN 网络已经建立，可以为客户提供服务
其他相关用例	REQ-M&O-FUN1，REQ-M&O-FUN2，REQ-M&O-FUN3，REQ-M&OFUN4，REQ-M&O-FUN5，REQ-M&O-FUN6，REQ-M&O-FUN9，REQM&O-FUN10

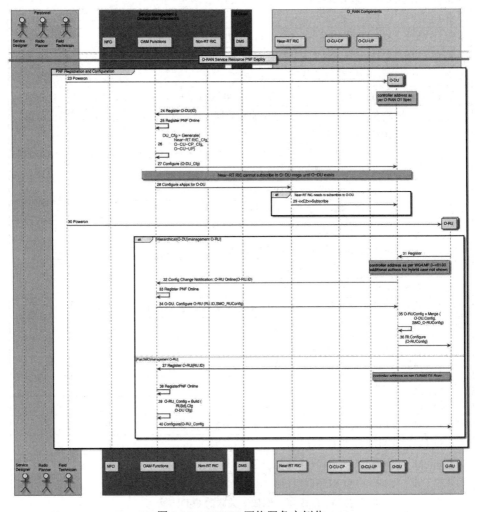

图 8-12　O-RAN 网络服务实例化

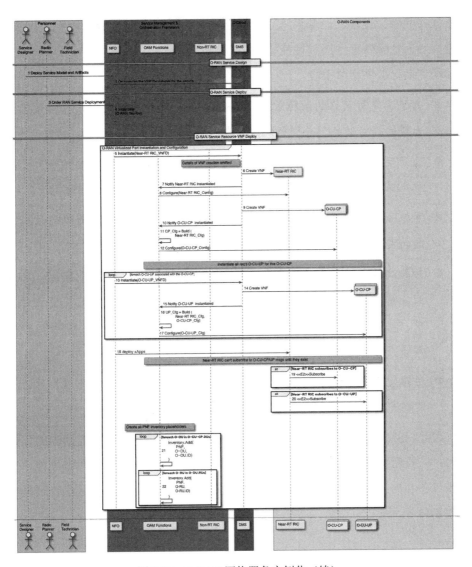

图 8-12　O-RAN 网络服务实例化（续）

8.4　SMO 与传统 OSS 的接口

SMO 作为 O-RAN 的管理与编排系统，同时需要提供面向 OSS 系统的北向接口，提供 FCAPS 数据上报、配置指令下发以及网络编排命令执行等能力。

OSS（Operation Supporting System）系统即运营商的运营支撑系统，是面

向资源（网络、设备、计算系统）的后台支撑系统，包括业务编排中心、故障管理中心、资源管理中心、性能管理中心、运维管理中心等，为网络可靠、安全和稳定运行提供支撑手段。

- 为了实现对网络的故障管理，OSS需要从SMO采集无线接入网运行中出现的告警信息，并进行统一的监控、处理和派单。

- 为了实现对无线基站以及端到端业务的性能管理，需要按时间力度从SMO采集性能统计数据，实时掌握网络性能异常以及指标劣化情况。

- 资源管理中心则保存了全网所有物理、虚拟、逻辑资源的使用信息，因而需要从SMO中采集无线网的资源数据或资源的配置数据。

- 业务编排中心负责网络业务的开通，如5G网络的网络切片业务、DNN业务等，需要使用SMO提供的指令执行接口向O-RAN网元下发配置指令。同时，如果因为业务开通，导致网络需要进行扩容，业务编排中心还可能通过编排指令指导SMO完成新的网元的创建和入网。

- 运维管理中心即传统的EOMS（电子运维系统），是网络运维协同流程支撑平台，统一的网络运维管理信息展现门户平台。

因此，SMO需要具备告警数据、性能统计数据、资源配置数据等的上报能力，以及配置指令的下发能力。同时，为了支持网元的弹性和动态创建，还需要具备北向接口，支持网元的动态拉起和入网能力。5G网络运营管理架构如图8-13所示。

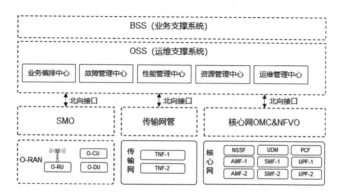

图8-13　5G网络运营管理架构

8.5 O1 接口

O1 接口作为 SMO 与所有 O-RAN 网络功能实体（Near-Real Time RIC、O-CU、O-DU、O-RU、O-eNB、）的接口，设计的目标是用于支持 FCAPS 功能。O1 接口要求尽可能与用于 RAN 网元管理的 3GPP 规范保持一致。

VES（VNF Event Stream）是由 OPNFV 社区提出的一个项目，其目标是通过促进与通用事件流格式和采集系统的融合，显著降低 VNF 测量数据采集开发和集成的难度。其核心是设计一套 VES 通用事件数据模型，该思想后来也被 ONAP 社区项目所采用。3GPP 已在 TS 28.532 中发布了一份资料见附录 B，为 3GPP MnS（Management Service）通知与 VES 的集成提供了指南。

O1/VES 接口支持的主要功能包括：

● 配置管理（CM）。

● 性能管理（PM）。

● 故障管理（FM）。

● 文件管理。

● 通信监视（心跳）。

● 跟踪管理。

● PNF发现。

● PNF软件管理。

O-RAN O1/VES 接口如图 8-14 所示。

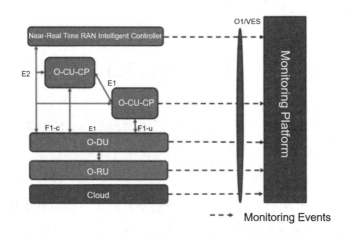

图 8-14 O-RAN O1/VES 接口

8.5.1 配置管理

配置管理服务允许 MnS 消费者在 MnS 提供者中配置托管对象的属性，这些属性修改 MnS 提供者在端到端网络服务中的功能，并允许 MnS 提供者向 MnS 消费者报告配置更改。配置管理服务在创建托管对象实例、删除托管对象实例、修改托管对象实例属性和读取托管对象实例属性时，使用 NETCONF 协议。REST/HTTPS 事件用于在配置发生更改时通知设置 MnS 订阅的消费者。

阶段 1 的配置管理服务可参见 3GPP TS 28.531 标准的 6.3 节。

阶段 2 的配置管理操作和通知可参见 3GPP TS 28.532 标准的 11.1.1 节。

阶段 3 的 YANG/NETCONF 解决方案，可参见 3GPP TS 28.532 标准的 12.1.3 节。

阶段 3 配置管理通知的 Restful 解决方案可参见 3GPP TS 28.532 标准的 A.1.1 节。

需要注意，IETF NETCONF 和 YANG 的参考文档，包含在 RFC 6241，*Network Configuration Protocol*（*NETCONF*）和 RFC 7950，*The YANG 1.1 Data Modeling Language* 中。

8.5.2　性能管理

性能保证管理服务允许 MnS 提供者向 MnS 消费者报告基于文件的（批量）和 / 或流式（实时）性能数据，并允许 MnS 消费者对 MnS 提供者执行性能保证操作，例如选择要报告的测量值并设置报告频率。

3GPP TS 28.550 标准第 5.1 节中规定了用例。

阶段 2 的 File Ready 通知可参见 3GPP TS 28.532 标准中的要求。

阶段 2 的 PerfMetricJob IOC 可参见 3GPP TS 28.622 标准。

阶段 3 的 XML Solution Sets、JSON 和 YANG 可参见 3GPP TS 28.623 标准。

阶段 2、3 的流数据上报服务，可参见 3GPP TS 28.532 标准。

8.5.3　故障管理

故障监控管理服务允许 MnS 提供者向 MnS 消费者报告错误和事件，并允许 MnS 消费者对 MnS 提供者执行故障监控操作，例如获取报警列表。

阶段 1 的 Fault Supervision MnS 可参见 3GPP TS 28.545 标准。

阶段 2 的故障上报可参见 3GPP TS 28.532 标准。

阶段 2 的 AlarmList IOC 和 AlarmRecord 数据类型，可参见 3GPP TS 28.622 标准。

阶段 3 的 XML Solution Sets、JSON 和 YANG 可参见 3GPP TS 28.623 标准。

8.5.4　跟踪管理

跟踪管理服务允许 MnS 提供者向 MnS 消费者报告基于文件或流式传输的跟踪记录。跟踪控制通过跟踪控制 IOC 配置跟踪任务，或通过建立跟踪会话，将跟踪参数通过信令传播给其他跟踪管理提供程序，从而为跟踪使用者提供启动跟踪会话的能力。如 3GPP TS 32.421 标准第 4.1 节所述，MnS 提供者可以支持多个级别的跟踪。跟踪提供程序可以配置为支持基于文件的跟踪报告或流式跟踪报告。

3GPP TS 32.421 标准、TS 32.422 标准和 TS 32.423 标准中规定并在适用的 O-RAN ME 上支持的跟踪管理服务包括呼叫跟踪、最小化路测（MDT）、RRC 连接建立故障（RCEF）和无线链路故障 TCE（RLF）。所有这些服务都遵循类似的管理模式。跟踪会话是在提供者上配置的，其中包含有关将跟踪信息发送到消费者的位置和方式的信息。当触发机制发生时，提供程序在跟踪会话中创建跟踪记录。跟踪记录被生成并提供给消费者，直到跟踪会话终止。

文件方式跟踪是在一定的延迟后以文件的形式收集跟踪记录。在流式跟踪的情况下，数据通过 WebSocket 连接以突发方式发送给消费者，从而保持数据的相关性，同时最小化传输开销。

阶段 1 的跟踪管理服务可参见 3GPP TS 32.421 标准——跟踪用例可参见该标准的 5.8 节，并在 TS 32.421 附录 A 中有展开说明；一般跟踪要求可参见该标准的 5.1 节。

阶段 2 的跟踪操作可参见 TS 32.422 标准，以支持 5G 呼叫跟踪和流式跟踪。

阶段 2 的跟踪控制 IOC 可参见 3GPP TS 28.422 标准。

阶段 2 基于信令的激活操作可参见 TS 32.422 标准。

阶段 3 跟踪记录内容定义、XML 跟踪文件格式、流式跟踪 GPB 记录等的定义，可参见 3GPP TS 32.423 标准。

阶段 2、3 的流数据报告定义可参见 3GPP TS 28.532 标准。

8.5.5 文件管理

文件管理服务允许 MnS 消费者请求在 MnS 提供者之间传输文件。

用例是基于 O-RAN Fronthaul Management Plane Specification 的。

3GPP 文件传输的规范可参考 3GPP TS 32.341 标准、TS 32.342 标准和 TS 32.346 标准。

8.5.6　心跳管理

心跳管理服务允许 MnS 提供者向 MnS 消费者发送心跳，并允许 MnS 消费者在 MnS 提供者上配置心跳服务。

阶段 1 的心跳管理服务在 3GPP TS 28.537 标准中有规定。本 Release 16 规范与基于服务的管理体系架构（Services-Based Management Architecture，SBMA）方法一致，包含配置心跳周期、读取心跳周期、触发即时心跳通知和发出周期心跳通知的用例、要求和过程。

阶段 2 的 notifyHeartbeat 通知可以参见 3GPP TS 28.532 标准。

阶段 2 的 HeartbeatControl IOC 可以参见 3GPP TS 28.622 标准。

阶段 3 的 XML Solution Sets、JSON 和 YANG 可参见 3GPP TS 28.623 标准。

8.5.7　PNF启动和注册管理

PNF 启动和注册管理服务允许 MnS 提供者在启动期间通过静态过程（在网元中预先配置）或动态过程（PnP）获取其网络层参数。在此过程中，MnS 提供者还获取 MnS 消费者的 IP 地址，用于注册。一旦 MnS 提供者完成注册，MnS 消费者就可以将 MnS 提供者置于运行状态。

PNF 即插即用（PnP）的相关 3GPP 规范为 3GPP TS 32.508 标准和 TS 32.509 标准。有关 IPv6 和其他 O-RAN 扩展的即插即用信息，可参见 O-RAN Fronthaul Management Plane Specification。

8.5.8　PNF软件管理

PNF 软件管理服务允许 MnS 消费者请求 MnS 提供者下载、安装、验证和激活新软件包，并允许 MnS 提供者报告其软件版本。O-RAN 将利用与 3GPP 的联络，启动对 3GPP 规范的增强，以实现 PNF 软件管理。

8.6　SMO 与自智网络

随着 5G 网络建设和业务发展逐步加速，在网络运营与运维领域，运营商正在面对巨大挑战。一方面，5G 在网络基础设施中引入 NFV、SDN、云原生架构等新技术，运营商的网络运营与管理工作的技术对象已经与传统的 2G/3G/4G 时代大不相同。另一方面，纷繁的业务场景组合要求 5G 能够提供按需分配，实时响应、端到端保障的网络体验，运营商的网络管理目标也已从"确保网络运行稳定"向"高效支撑业务发展"转变。这些变化为网络运营管理工作带来了前所未有的复杂度，运营商存量OSS 系统能力已难以满足 5G 网络的运营管理要求。

为了应对这些挑战，近年来，国际标准组织、各主流运营商和厂家陆续提出了自动驾驶网络、随愿网络、自治网络、自智网络等概念，并正在逐步开展技术探索和落地实践工作。当前业界普遍将运营商网络自动化/智能化水平分为 L0~L5 共 6 个等级（等级由低到高代表自动化/智能化水平逐步提升）。并希望通过引入大数据、人工智能、数字孪生等通用目的技术，不断推动通信网络智能化等级向更高级别演进，最终实现零等待、零接触、零故障的全面自治的通信网络。

8.6.1　网络管理系统自智等级分级总体方法

目前整个产业界已经对网络管理运维系统的自智等级分级方法达成初步共识，根据专业技术人员、OSS 系统不同的参与程度，按照下文所述的实施路径五步法的顺序将整体分级方法整理为表 8-5。

其中：

● "人工"表示相应工作由网管系统专业技术人员完成。

● "人工+系统"表示相应工作由网管系统辅助专业技术人员完成。

● "系统"表示相应工作由网管系统自动完成。

表 8-5 自智网络等级

自智网络分级		工作流程				
		意图管理	数据采集与感知	分析	决策	执行
L0	人工	人工	人工	人工	人工	人工
L1	系统辅助人工	人工	人工＋系统	人工	人工	人工＋系统
L2	部分自智网络	人工	人工＋系统	人工＋系统	人工	系统
L3	有条件自智网络	人工	系统	人工＋系统	人工＋系统	系统
L4	高级自智网络	人工＋系统	系统	系统	系统	系统
L5	全自智网络	系统	系统	系统	系统	系统

● L0——人工：系统提供辅助监控能力，人工进行所有任务处理。

● L1——系统辅助人工：系统根据提前配置的规则执行某些子任务用以提升运维效率。

● L2——部分自智网络：在部分环境下部分运维子系统能够实现闭环管理。

● L3——有条件自智网络：基于 L2 的能力，在某些网络领域，系统能够自主感知环境变化，不断自我调整优化从而支持基于意图的闭环管理。

● L4——高级自智网络：基于 L3 的能力，在一些更为复杂的跨域环境中，系统能够基于预测以及主动的闭环管理实现自动分析及决策。

● L5——全自智网络：电信网络的终极演进目标，系统在网络全生命周期中能够实现复杂的跨域完全自动化。

8.6.2 O-RAN SMO（服务管理编排）与自智网络相关管理编排

由于自智网络包含了通信网络端到端的全部网络设备及业务的自动化、智能化演进，而 O-RAN 相关标准目前聚焦于无线接入网。O-RAN 联盟所定义的 SMO 功能包含传统标准组织和厂家产品的 OAM 或者 NMS 网管系统，包含了云基础设施、无线接入网、非实时智能控制器的编排管理。在智能化方面与自智网络的自动化智能化要求相对一致，特别是位于网管侧的非实时控制器将承担包括 3GPP 规范的众多 SON（自组织网络）功能。由此来看 O-RAN 的整体架构及其 OAM 系统将有力支撑自智网络中无线单域的自智能力。

第9章 O-RAN 演进与展望

9.1 O-RAN 面临的挑战和不足

目前 O-RAN 联盟的标准化工作还在持续推进中，相应的标准体系和技术细节还有待进一步完善，包括用例定义、非实时和近实时智能控制器的操作流程和具体信令结构，以及 O-RAN 各个模块之间的接口信令定义、白盒硬件架构的定义和测试，以及 O-RAN 安全措施等方面都需要深入讨论并完成标准制定。产业界正致力于尽快完善 O-RAN 标准，从而可以指导工业界 Open RAN 产品的实现和部署。

同时，O-RAN 产业界还处于发展的初期，根据研究机构预测，全球 5G 开放架构 O-RAN 市场规模到 2024 年可能超过 40 亿美元。Open RAN 的产业和生态获得了多国政府、电信运营商及电信设备厂商的支持。目前，Open RAN 产业链的设备厂家除了服务器等硬件头部厂家外，主要是以软件开发为主的中小厂家，在市场占主导地位的电信设备厂家大多采取观望乃至抵制的态度。从实际来看，Open RAN 产业链还不成熟，O-RAN 标准和设备之间的互操作也还需要进一步完善，缺乏集成经验。同时，Open RAN 的发展面临着如下的六项挑战：

第一，Open RAN 的成功不仅要靠技术和标准化，更需全产业链各方通力协作，也需要各个国家的政策监管和经济支持。

第二，Open RAN 的技术成熟度还远逊传统 RAN 设备，其传输性能、可扩展性能和时延性能也还不如传统 RAN 设备。目前，技术上还有很多困难需要克服。

第三，Open RAN 技术对于 IT 和云能力的要求很高，包括云网统一规划、维护管理、采购和集成等能力。目前，大部分运营商还不具备很强的 IT 和云的能力，需要进一步增强和补足。

第四，Open RAN 的部署需要底层网络承载的协同部署。例如，适用于 Open RAN 的无线前传领域的最佳传输方案和策略还缺乏一个行业内共识的技术方案和演进路径，还需要进一步的研究和探索。

第五，Open RAN 的互操作规定还不完善。Open RAN 生态的构筑必须建立于网络职责的明确规定，确保故障能快速发现、诊断、寻根和排除。

第六，大部分的运营商系统集成能力还需加强。面对众多 Open RAN 供应商的多样化设备，运营商在集成这些设备时，不仅需要具有扎实的网络和云技术，还要具备实际操作能力和协调能力较强的专家。

此外，Open RAN 的安全性也受到业界的质疑。例如，在传统 RAN 部署方式下，DU 和 RU 来自同一厂家，DU 和 RU 之间的前传接口由单厂家实现。而 Open RAN 采用开放前传接口，O-DU 和 O-RU 可以来自不同的厂家。当 O-DU 和 O-RU 来自不同厂家时，意味着 O-DU 不能完全控制 O-RU，需要通过更高层的服务管理与编排层来辅助管理，这可能会带来通过前传接口向 O-DU 的北向系统发起中间人攻击的风险。德国联邦信息安全办公室发布了一份关于网络弹性的潜在破坏性报告，其中对 Open RAN 的主要结论是，不同供应商的产品混搭在一起会破坏 Open RAN 的安全性，O-RAN 联盟需要在技术规范方面进行足够的工作来确保 Open RAN 是安全的。

Open RAN 架构构建在 3GPP RAN 架构上，受益于 3GPP 定义的良好的安全特性，诸如增强的隐私、加密、身份认证等举措。同时，Open RAN 也是基于"零信任架构"机制的，尽管主要聚焦于数据和业务的保护，但原则上也能扩展保护所有资产，诸如终端、基础设施部件、应用、虚拟化和云化部件等，并且能保护所有需要获取资源信息的用户、应用和其他非人工实体。当然，进一步考虑到生态开放引入的很多厂商和非技术性安全因素，Open RAN 技术的安全性需要进一步演进和增强，并在具体部署时进行严格化管理和监控。

9.2　O-RAN 展望

目前，无线通信产业界中已经有越来越多的厂商，包括一些大型头部企业开始认可，并参与到 Open RAN 的发展中。O-RAN 联盟也进行了更加开放和透明化改革，任何厂商都可以下载 O-RAN 技术规范，从而进行 Open RAN 相关产品研发。因此，可以预计在未来几年，Open RAN 产业链肯定会逐渐趋于成熟。相较传统的无线接入网架构，Open RAN 架构具有以下八项优势：

第一，Open RAN 设备开放了传统 RAN 设备的各个元部件之间的私有接口，定义若干开放功能和接口，从而充分发掘 5G 和云技术的融合潜力。

第二，充分引入 RAN 领域的竞争局面，可以降低网络成本。据国外咨询机构预测，Open RAN 架构有潜力降低 CAPEX 40%~50%，降低 OPEX 35%~40%。

第三，引入开放架构和接口以及虚拟化功能，可以按需灵活动态部署，快速响应市场，有潜力提供更多的新业务、新应用、新模式和新收入。

第四，通过 Open RAN 架构上的编排管理层，可以将云基础设施扩展至网络，从而更有利于结合网络云化带来的好处。

第五，Open RAN 定义了 RAN 智能控制器（RIC），将智能化引入到 RAN 设备中，更好地实现了实时和非实时的智能化控制和调度。

第六，借助 RAN 网元和服务的自动化供给和全生命期管理，全面提升运行效率。频谱利用效率更高，容量可按需管理，以及可选用性能更好的网元，从而带来新业务的敏捷性增长。

第七，Open RAN 架构可以摆脱单厂家设备的封闭方案，将有更多具有专项技术的厂家进入到 Open RAN 产业生态，涉及芯片、光模块、射频元器件、软件、集成和支撑服务等领域。更有利于形成跨领域跨行业的协同合作局面，形成健壮的 RAN 生态和产业链。

第八，行业客户市场需求有力地推动了 Open RAN 技术与产业生态的完善和发展。Open RAN 的架构天然适合于行业客户的 IT 化部署需求，便于与行业客户的业务流进行深度融合。行业客户需求是碎片化的，并且是多样性的。传统 RAN 设备很难应对这种碎片化的需求。而 Open RAN 的开放生态让这些碎片化需求可以得到满足。针对行业客户的 Open RAN 系统集成商不仅需要集成网络，还需要把网络之上的应用进行有机的集成，从而进一步推动 Open RAN 的产业和生态发展。

无线接入网的发展趋势主要遵循 3GPP 等标准组织制定的演进路线逐步更新升级，目前 5G R17 标准版本已经完成，正在开展 R18 标准版本的制定，即 5G advance 演进，主要聚焦 5G 新空口的增强、高精度定位、覆盖增强、频谱扩展、广播业务、非地面网络、网络能力开放和智能化网络等内容。总的发展趋势可以概括为：网络能力更加开放，接口定义更加标准化，业务场景更加丰富，同时，增加对于人工智能的支持应用。Open RAN 在理念上符合 3GPP 的标准趋势，同时增加了对于硬件的白盒化支持、软件的开源支持，以及应用云化等方面的支持。

对于 ICT 行业的开放发展趋势已经得到了全球行业的共识，无论运营商，还是设备商，以及软件应用提供商，都需要战略上顺应该趋势，做好各种技术和非技术性准备，包括技术、标准、互操作、管控系统、组织、流程、文化和人才储备等。

对于运营商，美欧日的一些头部运营商比较积极，期望通过 Open RAN 打破现有市场格局，引入竞争，降低成本，促进技术、业务、应用和模式创新，提升企业价值。从运营商市场维度来看，Open RAN 生态发展到今天，已经可以有效支撑一部分特定场景的部署需求，比如农村、郊区这样的低密度广覆盖场景。中国运营商对 Open RAN 的国际技术交流也较为积极，中国移动一直在 O-RAN 联盟担任多个主席和副主席职位，主要推动智能化技术在 RAN 侧的创新和应用。中国联通和中国电信也都进行了 Open RAN 相关的技术验证和测试应用。

对于传统设备商，具备技术储备的优势，但是对于新兴的 Open RAN 技术研发投入不多。一方面，传统 RAN 架构还有较长的技术寿命和很大的改进余地，例如，5G 基站的功耗和后续技术演进还需要投入很大的力量去攻关。同时，需要进一步在网络和网元的开放化、虚拟化、云化和服务化方向积极探索和耕耘，向半开放化乃至全开放化的技术逐步迈进。

Open RAN 产业界大致可以细分为三种不同程度的开放模式，即传统单厂家 Open RAN、新进入的单厂家 Open RAN、多厂家 Open RAN。从市场趋势看，参考国际资讯机构的预测，考虑到现有几个传统头部厂家的技术、市场和客户关系的巨大优势，预计未来 5~10 年传统单厂家 Open RAN 依然会占据全球 Open RAN 市场的绝对主导地位，预计占有高达 70%~80% 的市场份额。其次是多厂家 Open RAN，占有 10%~20% 的市场份额，此外，新进入的单厂家 Open RAN 也可能占据一席之地，大约 10% 的市场份额。而作为全部 Open RAN 的年市场规模可能达到 100 亿~150 亿美元。市场规模相比 RAN 的 450 亿~500 亿美元而言，虽然不占主导地位，但也会具备一定的竞争力和生存空间。

可以预计，随着技术的不断进步和电信业的持续开放，逐渐形成传统单厂家 Open RAN、新进入的单厂家 Open RAN、多厂家 Open RAN 三者共存的健康发展生态，将 ICT 行业的深度融合发展带入高质量的新阶段。综合行业和运营商市场，Open RAN 将会进一步发展完善，最终形成与传统 RAN 共存共发展的局面，并且在一定程度上与传统 RAN 市场进行融合。

词 汇 表

缩 略 语	英 文 全 称	中 文 全 称
3GPP	3rd Generation Partnership Project	第三代合作伙伴计划
5GC	5G Core	5G 核心网
5GS	5G System	5G 系统
AAL	Accelerator Abstraction Layer	加速器抽象层
AAU	Active Antenna Unit	有源天线处理单元
ACLR	Adjacent Channel Leakage Power Ratio	邻信道泄漏抑制比
AI	Artificial Intelligence	人工智能
AMPS	Advanced Mobile Phone System	高级移动电话系统
API	Application Programming Interface	应用程序接口
ASIC	Application Specific Integrated Circuit	专用集成电路
ASN.1	Abstract Syntax Notation dotOne	抽象语法标记
BBU	Base Band Unit	基带处理单元
BCCH	Broadcast Control Channel	广播控制信道
BF	Beam Forming	波束成形
BIOS	Basic Input Output System	基本输出输入系统
BSC	Base Station Controller	站控制器
BSS	Base Station Subsystem	基站子系统
BSS	Business Supporting System	业务支撑系统
BTS	Base Transceiver Station	基站收发台
CAPEX	Capital Expenditure	资本支出
CFR	Crest Factor Reduction	数字消峰
CNF	Cloud-Native Network Functions	云原生网络功能
CO	Center Office	中心机房
COTS	Commercial Off-The-Shelf	通用硬件
CP	Cyclic Prefix	循环前缀
C-Plane	Control Plane	控制平面
CPRI	Common Public Radio Interface	通用公共射频接口
CPU	Central Processing Unit	中央处理器
C-RAN	Cloud RAN 或 Centralized RAN	云化或集中式无线接入网
CS	Circuit Switch	电路交换
CSP	Communication Service Provider	通信服务提供商

缩 略 语	英 文 全 称	中 文 全 称
CT	Communications Technology	通信技术
CU	Centralized Unit	集中单元
CUS-Plane	Control，User and Synchronization Plane	控制，用户和同步平面
DCI	Downlink Control Information	下行控制信息
DDC	Digital Down Converters	数字下变频
DMS	Deployment Management Services	部署及管理服务
DNN	Data Network Name	数据网络名称
DPD	Digital Pre-Distortion	数字预失真
D-RAN	Distributed-Radio Access Network	分布式无线接入网
DSP	Digital Signal Processing	数字信号处理
DU	Distributed Unit	分布式单元
DUC	Digital Up Converters	数字上变频
E2AP	E2 Application Protocol	E2 应用协议
E2SM	E2 Service Model	E2 业务模型
EI	Enrichment Information	富集信息
EMC	Electro Magnetic Compatibility	电磁兼容
eNB/eNodeB	Evolved NodeB	演进 NodeB
ENI	Experiential Networked Intelligence	体验网络智能化
EOMS	Electric Operation Maintenance System	电子运维系统
ETSI	European Telecommunications Standards Institute	欧洲电信标准化协会
E-UTRA	Evolved UMTS Terrestrial Radio Access	演进的 UMTS 陆地无线接入网
EVM	Error Vector Magnitude	误差矢量幅度
FCAPS	Fault，Configuration，Accounting，Performance and Security	故障、配置、计费、性能和安全
FFT	Fast Fourier Transform	快速傅里叶变换
FHGW	Front Haul Gateway	前传网关
FOCOM	Federated O-Cloud Orchestration and Management	联邦 O-Cloud 编排和管理
FPGA	Field Programmable Gate Array	现场可编程逻辑门阵列
GBR	Guaranteed Bit Rate	保障比特速率
GFBR	Guaranteed Flow Bit Rate	保障流比特率
gNB/gNodeB	Next Generation NodeB	下一代 NodeB
GPU	Graphics Processing Unit	图形处理器
GSM	Global System for Mobile Communication	全球移动通信系统

续表

缩 略 语	英 文 全 称	中 文 全 称
HARQ	Hybrid Automatic Repeat reQuest	混合自动重传请求
HTTP	Hyper Text Transfer Protocol	超文本传输协议
IaaS	Infrastructure as a Service	基础设施即服务
ICT	Information and Communications Technology	信息与通信技术
IDFT	Inverse Discrete Fourier Transform	离散傅里叶逆变换
IETF	The Internet Engineering Task Force	国际互联网工程任务组
IFFT	Inverse Fast Fourier Transform	快速傅里叶逆变换
IMS	Infrastructure Management Services	基础设施管理服务
IOC	Information Object Class	信息对象类
IP	Internet Protocol	网际互连协议
IT	Internet Technology	互联网技术
JSON	JavaScript Object Notation	JavaScript 对象简谱
LDPC	Low Density Parity Check Code	低密度奇偶校验码
LNA	Low Noise Amplifier	低噪声放大器
LTE	Long Term Evolution	移动通信系统长期演进
MAC	Media Access Control	媒体接入控制
MDT	Minimization of Drive-Test	最小化路测
ME	Managed Element	管理实例
MF	Managed Function	管理功能
MFBR	Maximum Flow Bit Rate	最大流比特率
ML	Machine Learning	机器学习
MnS	Management Service	管理服务
M-Plane	Management Plane	管理平面
MR-DC	Multi-RAT Dual Connectivity	多载波双连接
MTBF	Mean Time Between Failure	平均无故障工作时间
N3IWF	Non-3GPP InterWorking Function	非 3GPP 互通功能
NAC	Network Access Control	网络访问控制
NAT	Network Address Translation	网络地址转换
Near-RT RIC	near-real-time RAN Intelligent Controller	近实时无线智能控制器
NF	Network Function	网络功能
NFO	Network Function Orchestration	网络编排
NFV	Network Functions Virtualization	网络功能虚拟化
NFVO	Network Functions Virtualization Orchestration	网络功能虚拟化编排器

缩　略　语	英　文　全　称	中　文　全　称
NG	Next Generation	下一代
NGFI	Next Generation Fronthaul Interface	下一代前端接口
NIC	Network Interface Card	网络适配器
NIST	National Institute of Standards and Technology	国家标准与技术研究所
NM	Network Manager	网管系统
NMS	Network Management System	网管系统
Non-RT RIC	non-real-time RAN Intelligent Controller	非实时无线智能控制器
NR	New Radio	新空口
NWDAF	NetWork Data Analytics Function	网络数据分析功能
NWu	Reference point between the UE and N3IWF for establishing secure tunnel（s）between the UE and N3IWF	UE 和 N3IWF 之间的参考点，用于在 UE 和 N3IWF 之间建立安全隧道
O2dms	O2 DMS	O2 部署管理服务
O2ims	O2 IMS	O2 基础设施管理服务
OAM	Operation Administration and Maintenance	操作维护管理
O-Cloud	O-RAN Cloud Platform	O-RAN 云平台
O-CU	O-RAN Central Unit	O-RAN 中心控制单元
O-CU-CP	O-CU Control Plane	O-CU 控制面
O-CU-UP	O-CU User Plane	O-CU 用户面
O-DU	O-RAN Distributed Unit	O-RAN 分布式单元
OMC	Operation and Maintenance Center	操作维护中心
Open FH	Open Fronthaul	开放前传
O-RAN	Open RAN	开放无线接入网
O-RU	O-RAN Radio Unit	O-RAN 射频单元
OSS	Operation Supporting System	运营支撑系统
OTIC	O-RAN Testing and Integration Center	开放无线网络测试与集成中心
PA	Power Amplifier	功率放大器
PaaS	Platform as a Service	平台即服务
PCCH	Paging Control Channel	寻呼控制信道
PCP	Port Control Protocol	端口控制协议
PDCP	Packet Data Convergence Protocol	分组数据汇聚协议
PHY	Physical layer	物理层
PKI	Public Key Infrastructure	公钥基础设施
PLL	Phase Locked Loop	锁相环

缩 略 语	英 文 全 称	中 文 全 称
PM	Performance Management	性能管理
PNF	Physical Network Function	物理网络功能，物理网元
PoE	Power over Ethernet	有源以太网
PoP	Point of Presence	存在点
PS	Packet Switch	分组交换
PTP	Precision Time Protocol	精确时间协议
QFI	Quality-of-service Flow Identifier	QoS 流标识符
QoS	Quality of Service	服务质量
RAN	Radio Access Network	无线接入网络
rApp	An application designed to run on Non-RT RIC	在 Non-RT RIC 上运行的一个应用
RCEF	RRC Connection Establishment Failure	RRC 连接建立失败
RE	Resource Element	资源粒子
RIC	RAN Intelligent Controller	无线智能控制器
RLC	Radio Link Control	无线链路控制
RLF	Radio Link Failure	无线连接失败
RNC	Radio Network Controller	无线网络控制器
R-NIB	Radio-Network Information Base	无线级网络信息库
RRC	Radio Resource Control	无线资源控制
RRM	Radio Resource Management	无线资源管理
RRU	Regenerative Repeater Unit	射频拉远单元
RU	Radio Unit	射频单元
SaaS	Software as a Service	软件即服务
SBOM	Software Bill of Materials	软件材料清单
SCTP	Stream Control Transmission Protocol	流控制传输协议
SDAP	Service Data Adaptation Protocol	业务数据适配协议
SDL	Shared Data Layer	数据共享层
SLA	Service Level Agreement	服务级别协议
SMO	Service Management and Orchestration	业务管理与编排
SRB	Signaling Radio Bearer	信令无线承载
TCO	Total Cost of Ownership	运营商网络综合成本
TCP	Transmission Control Protocol	传输控制协议
TLS	Transport Layer Security	安全传输层协议
TRP	Transmission Reception Point	传输接收点
UCI	Uplink Control Information	上行控制信息
UE-NIB	UE-Network Information Base	用户级网络信息库

缩 略 语	英 文 全 称	中 文 全 称
UMTS	Universal Mobile Telecommunications System	通用移动通信系统
U-Plane	User Plane	用户平面
UPNP	Universal Plug-N-Play	通用即插即用协议
URI	Uniform Resource Identifier	统一资源标志符
URLLC	Ultra-Reliable Low-Latency Communications	高可靠低延时通信
VES	VNF Event Stream	网元事件流
VM	Virtual Machine	虚拟机
VNF	Virtualized Network Function	虚拟网络功能
VNFD	Virtualized Network Function Descriptor	虚拟化网元描述符
vO-CU	Virtualized O-RAN Central Unit	虚拟 O-RAN 中心控制单元
vO-CU-CP	Virtualized O-CU Control Plane	虚拟 O-CU 控制面
vO-CU-UP	Virtualized O-CU User Plane	虚拟 O-CU 用户面
vO-DU	Virtualized O-RAN Distributed Unit	虚拟 O-RAN 分布式单元
VPN	Virtual Private Networks	虚拟专用网络
vRAN	Virtual RAN	虚拟无线接入网
xApp	An application designed to run on Near-RT RIC	在 Near-RT RIC 上运行的一个应用
ZTA	Zero Trust Architecture	零信任体系结构